TANSUO SHUXUE ZHIMEI

探索
数学
之美

倪　彬　陶夏芳 主编

浙江工商大学出版社
ZHEJIANG GONGSHANG UNIVERSITY PRESS
·杭州·

图书在版编目(CIP)数据

探索数学之美 / 倪彬,陶夏芳主编.
— 杭州 : 浙江工商大学出版社,2020.5
ISBN 978-7-5178-3828-9

Ⅰ.①探… Ⅱ.①倪… ②陶… Ⅲ.①数学—普及读
物 Ⅳ.①O1-49

中国版本图书馆CIP数据核字(2020)第072978号

探索数学之美
TANSUO SHUXUE ZHIMEI

倪 彬 陶夏芳 主编

责任编辑	厉 勇	
封面设计	雪 青	
责任印制	包建辉	
出版发行	浙江工商大学出版社	
	(杭州市教工路198号 邮政编码310012)	
	(E-mail:zjgsupress@163.com)	
	(网 址:http://www.zjgsupress.com)	
	(电 话:0571-88904980,88831806(传真))	
排 版	杭州朝曦图文设计有限公司	
印 刷	杭州高腾印务有限公司	
开 本	889mm×1194mm 1/16	
印 张	6.5	
字 数	173千	
版 印 次	2020年5月第1版 2020年5月第1次印刷	
书 号	ISBN 978-7-5178-3828-9	
定 价	19.50元	

FOREWORD 前 言

数学,如果从字面意思来理解,那就是"数字的学问"。从小学一年级开始,我们就和数字在打交道,从加减法的计算到乘除法的应用,从一次方程的解答到二次函数的解析,只要一翻开数学课本,就和数字脱不了关系。一些不善于学习数学的人,一看见数字就会感到头大。那么,在这本书里,数学又是什么样的呢?

第一,我觉得数学不仅仅是数字的学习。虽然数字是其中最大的一部分,但数学的学习还有不少其他的内容,例如几何、逻辑、概率、拓扑等。我作为数学老师,在课堂上最常说的一句话就是,数学涵盖生活的方方面面。"天大地大,数学最大",这当然是一句玩笑话;但确实也可以看出,数学在我的印象中,不单单是简单而枯燥的数字学习,更是和生活息息相关的一门学科。

第二,学好数学不单单需要天赋,这里的天赋指的是思维在那一瞬间的联想力,更需要积累和科学的方法。从小学到大学毕业,一路走来,大家也可以看到,数学的学习从一开始纯粹地运用自己的天赋和聪明才智,但随着一步步的掌握科学方法,数学的学习也在不断地深入和拓展。单靠自己的聪明,只能挺一时,却不能保证你永远跟上节奏,只有科学的学习方法,才可以让你在数学的学习道路上越走越顺。在这里简单介绍一种,也是我认为最重要的一种——化未知为已知。就是将不懂的新知识,转化为自己所掌握的旧知识,这样不单单可以迅速学会新的内容,更可以做到举一反三,由此推广。例如:小学的时候对于乘法的学习,就是在加法的基础上展开的:$3 \times 4 = ?$ 就是把这个算式理解为 4 个 3 相加,根据这样的转化,把乘法变成了加法,化未知为已知,从而掌握了乘法的基本计算规律,并举一反三:4×5 就是 5 个 4 相加的结果,那么 20 这个答案也就非常容易得到了。

第三,数学的学习需要归纳和汇总。这点也适用于其他学科,只不过很少有人觉得,数学也需要归纳和汇总而已。数学的知识点,不像语文。语文的学习需要积累,中间出现断层,也许并不会影响你后面的学习。但是数学不一样,数学的知识点就像是一棵树上的树枝,由主干进行不断细分化。如果中间断掉一根,后面的枝叶就全部掉落了。举个例子,在我大学的高等代数课上,有那么一天下午,我特别困,就在上课的时候"不要脸"地睡着了,死死地睡了半节课,老师正在讲的矩阵的转化完全没听。这导致的结果就是,当我醒来的时候,完全听不懂老师所讲的内容,等我再去学习那部分知识的时候,我又落下了老师后来讲的内容。这样一来,那个下午,我一直是在查漏补缺中度过的,完全没有跟上老师的节奏。如果没有当天晚上的及时学习,我想我后面半个学期是没办法听懂了的。这就是数学,不可以落下任何一部分的知识点。所以现在很多教辅书籍上都会出现类似思维导图一样的东西,放在每一个章节前,就是为了让所有买了这本书的学生,在复习的时候,有个基本的思路和参考,其实这就是我要说的归纳。

第四,学会串联。英语的单词记忆中,有一点让我至今记忆犹深,那就是融词于句,即将一个单词用造句的形式记忆下来,尤其是那些意思相近的单词。我觉得数学的学习类似,可以采用适当的联想,将课本的知识与你自己熟悉的内容串联起来,可以是生活场景,可以是其他知识内容。就比如,数学的集合学习中,有交集、并集、补集三种基本集合计算,我就会时常将他们与逻辑中最基本的逻辑词"且、或、非"进行联想,这样你不单单记住了三个集合的基本特征,也将两个知识点同时掌握,可谓一举两得。

第五,学好数学,培养适当的成就感是一大动力。我们都知道,培养兴趣是做学问的最大动力,兴趣是最好的老师。这些话说说简单,如何做才是关键!以我自己的经验来说,培养和建立适当的成就感可以让自己的数学学习产生不小的动力。我听过一个说法"学霸的世界外人不懂",至于为什么不懂,因为有个学霸说过这么一句话:这道数学难题终于解答出来了,再做张化学试卷奖励下自己。你知道他的同桌听到这样的话是多么崩溃么?对你来说,做试卷是千难万难的事情,是一种煎熬,人家学霸却觉得这是一种奖励。那就怪不得人家的成绩比你好了,不怕学霸成绩好,就怕成绩比你好的人,比你还努力。所以可以将解答数学难题,作为自己的一种成就感,夸张点说,如果哪一天微信的某一项排名是以每个人解答数学难题的数量来定的,到了那个时候,学习数学的氛围应该在全社会快速蔓延开来吧。陈思诚导演的《唐人街探案2》中就有一个APP,是由破解全世界的疑难案件数量来排名的,当然首要一步就是要解答99道难题。

总之,对待数学,关键不是你学了多少,而是你的方法,你的习惯是否得当。数学本不是什么洪水猛兽,也不是什么无用的学科。数学就是数学,不管你是否喜欢它,它的影响力永远在那里,而你要做的,就是接近它,了解它,并掌握它。

编　者

2019年11月

Contents 目 录

第一章 发展之美——数字的一生

一、数的起源——从数字诞生说起

原始时代的人类,每天外出狩猎,采集果实,为了维持生活,他们必须每天辛苦劳作。但结果有时他们满载而归,有时却是一无所获;带回的食物时而富余,时而匮乏。在生活中体验这种数与量上的变化,使得人类逐渐产生了数的意识。于是,他们开始了解到有与无,多与少的差别,进而知道了一和多的区别。从一到二、三等单个数目概念的形成,这就是第一个不小的飞跃。慢慢地,随着社会的进一步发展,简单的计数就显得格外重要起来。因为一个部落集体必须知道内有多少成员,外有多少敌人,一个人也必须知道他的羊群里羊的具体数目,以便检查羊是否有丢失。这样,人类的祖先在与大自然的艰难搏斗中,在漫长的生活实践中,由于记事和分配生活用品等方面的需要,逐渐产生了数的概念,还产生了原始的记数法,如图1-1所示。

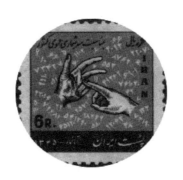

图1-1 原始的记数法

数的产生,标志着人类的思维逐步由直观思维走向形式思维,这是一个从具象到抽象的过程。最开始,"数和数量"用于对物质或者事件的计量,进而发展成计时、排序、丈量土地面积、计算财富等日常需要。英国哲学家伯特兰·罗素(Bertrand Arthur William Russell)说过:"当人们发现一对雏鸡和两天之间有某种共同的东西(数字2)时,数学就诞生了。"自然数,便是在这样的背景下出现了。但这只是开始,局限于数量的增多。当你的10个手指不够用于记数的时候,便开始采用"刻痕记数"(图1-2)和"结绳记数(图1-3)"等记数方法,进而产生了基本的数字符号,其中最常见的,就是罗马数字和阿拉伯数字。

图1-2 刻痕记数　　　　　图1-3 结绳记数

1. 罗马数字

　　大约2500年前,处于文化发展初期的罗马人,他们伸出一、二、三、四个手指,用于表示一、二、三、四个物体,表示五个物体,自然就会伸出一只手;表示十个物体,就伸出两只手。就如同我们现在与别人交谈,就是这样运用手势来表示数字的。然后,罗马人就把这些记号画在羊皮上,Ⅰ、Ⅱ、Ⅲ来代替手指的数;要表示一只手时,就写成"Ⅴ"形,表示大指与食指张开的形状;那么"ⅤⅤ"形自然就表示两只手了。后来也用"Ⅹ",表示一只手向上,一只手向下,也就是数字十。当需要表示较大的数时,罗马人开始向拉丁文取经:"C"是拉丁字"century"的头一个字母,罗马人就用"C"表示一百;"M"是拉丁字"mile"的头一个字母,罗马人就用"M"表示一千;取字母"C"的一半,成为符号"L",表示五十;用字母"D"表示五百;如此这样,就形成了罗马数字七个基本符号:Ⅰ(1)、Ⅴ(5)、Ⅹ(10)、L(50)、C(100)、D(500)、M(1000)。这便是罗马数字的雏形。需要注意的是,罗马数字有个最显著的特点:没有表示零的数字,也与进位制无关。

　　由于书写繁难,后人很少采用罗马数字,只在一些特定的地方采用:例如一些钟表的表面仍然用它来表示时刻数;另外,在书稿章节及科学分类时,也有采用罗马数字的。

2. 阿拉伯数字

　　阿拉伯数字(其实应该称为印度数字),是现今国际通用的数字。公元3世纪,最早由印度人发明了阿拉伯数字,那个时候的计数,至多大概到"3","3"这个数字是"2"加"1"得来的;想要出现"4",就必须把"2"和"2"加起来;"5"就是"2"加"2"加"1"。较晚些时候,才出现用单手的五指来表示数字"5"和双手的十指来表示数字"10"。就如同在罗马数字中,计数只到"Ⅲ(即3)"的数字,"Ⅹ(即10)"以内的数字,就是用"Ⅴ""Ⅹ"以及其他数字的组合形式,例如数字"6"写成"Ⅵ",即5加1的意思。同一数字符号根据它与其他数字符号位置关系而具有不同的量,这就是数字位置的概念。后来,人们在上述的基础上加以改进,发明了表达数字"1,2,3,4,5,6,7,8,9,0"十个符号,成为今天记数的基础。尤其是"0"的记载,最早出现于公元8世纪的刻版记录,也称零为首那。

　　公元5世纪前后,随着经济、文化,尤其是佛教的兴起和发展,印度次大陆西北部的旁遮普地区,数学发展尤为领先。人们开始把数字记在一个个格子里,如果第一格里有一个符号,比如是一个代表"1"的圆点,那么第二格里的同样圆点就表示"10",而第三格里的圆点就代表"100"。这样慢慢地,数字符号所在的位置次序,就具备了非常重要的意义。这之后,印度人又引入零的符号。可以这么说,这些符号和表示方法就是今天阿拉伯数字的老祖先。

公元7世纪前后,阿拉伯人入侵了旁遮普地区,军事上的优势,让阿拉伯人对于被征服地区先进的数学理论表示格外地吃惊。于是,他们决定虚心学习,设法吸收这些数字。到了771年,印度北部的数学家被抓到了阿拉伯的巴格达地区,并被迫给当地人传授新的数学符号和数学体系,以及印度式的数学计算方法。由于印度数字和计数法既简单又方便,远远优于其他计算法,阿拉伯人愿意学习这些知识,商人也乐于采用这种方法于商贸往来。慢慢地,这种数字就被阿拉伯人传入了西班牙。

这之后,阿拉伯数字在欧洲范围内广泛流传。公元10世纪,由教皇热尔贝·奥里亚克传到欧洲其他国家。到了公元12世纪左右,阿拉伯数字的符号和体系,被欧洲的学者正式采用。至公元13世纪,在意大利比萨的数学家斐波那契(Fibonacci)的倡导下,普通欧洲人也开始采用阿拉伯数字。这种现象,到15世纪已经相当普遍。只不过,那时的阿拉伯数字在形状上与现代的阿拉伯数字尚不完全相同。从那之后,很多数学家付出了心血,才使得"1、2、3、4、5、6、7、8、9、0",变成了今天的书写方式。

因此,阿拉伯数字虽然起源于印度,但却是通过阿拉伯人传向世界各地,这也是后来人们误解阿拉伯数字是阿拉伯人发明的原因。阿拉伯人的传播,使得该种数字最终在国际上通用,为人们所熟知,所以人们称其为"阿拉伯数字"。由于它们书写方便,运算灵活,故一直被沿用至今。阿拉伯数字的演变,如图1-4所示。

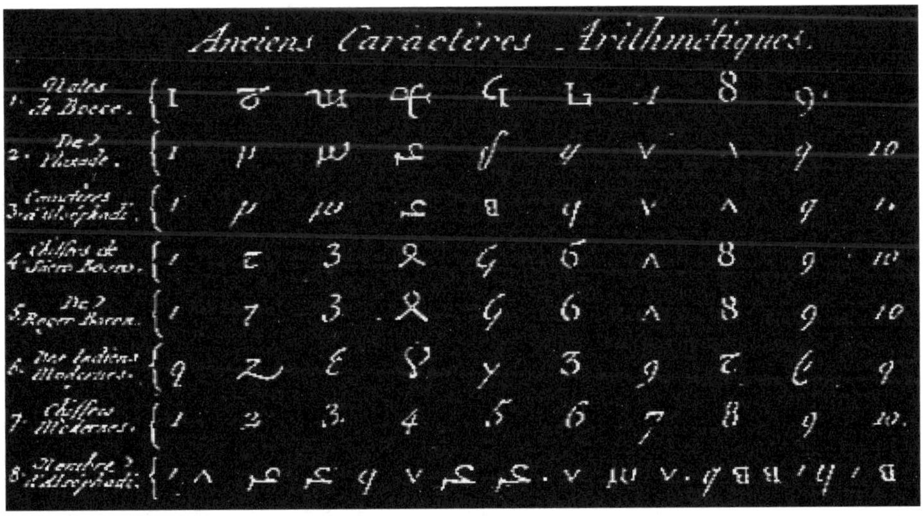

图1-4 阿拉伯数字的演变

3. "0"的引入

在筹算数码中开始没有"0",遇到"0"就空位。比如"6708"就可以写为"┴╥"。数字中没有"0",是很容易发生错误的。故也有人把铜钱摆在空位上,以免弄错。在罗马数字中,也没有数字"0"。但其实,在公元5世纪,"0"就已经传入罗马了。5世纪前,欧洲的数学家们并不懂得如何运用数字"0"。在一个偶然的机会中,罗马的一个学者从印度的计数法中,发现了"0"的符号——印度人最早用黑点"."表示零,后来逐渐变成了"0"。他在之后的运算中发现,有了"0",运算将变得非常方便,他就将"0"的符号及用法向周围的人做介绍。不久之后,罗马教皇知道了这件事情,认为这是对神灵的亵渎。毕竟在教会的眼里,神圣的数是上帝创造的,而上帝创造的数里面并没有"0"。当时的教会势力强大,远远超过皇帝,于是教皇下

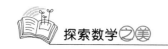

令,逮捕了那位学者,并施以酷刑。表面上,"0"被教皇的命令所禁止了,但是历史的车轮无法被阻止。"0"的出现,带来的运算便利,是教皇所无法禁止的。后来,"0"在欧洲随着阿拉伯数字被广泛使用,而罗马数字却因其烦琐的书写被逐渐淘汰。

有学者认为,"0"的概念之所以在印度产生并得以发展,是因为印度佛教中存在着"绝对无"这一哲学思想。这也是在宗教思想影响下的人们对于"0"的起源最朴素的解释。

4. 四则运算及符号

四则运算的起源很早,有的几乎与数字同时发生,如罗马数字"6"写成"Ⅵ",即5加1的意思,"4"写成"Ⅳ",即5减去1的意思。尽管四则运算起源极早,但发展却不平衡,特别对采用非位值制的数字进行四则运算时,尤其是乘法与除法,往往显得十分麻烦:例如,235×4这样简单的运算,在罗马数字的运算中,就是难题了。

在中国古代,四则运算很早就有了。战国时代李悝编写的一部有关法律方面的著作——《法经》中,有如下记载:一个农夫有五口之家,种田百亩,每年每亩收获一石又半,共收一百五十石粟,除了十分之一的税,十五石,余下一百三十五石;食粮每人每月一石又半,五人一年九十石粟,下余四十五石。每石值三十钱,一共值钱一千三百五十。除了宗祠祭祀用钱三百外,下余一千零五十。穿衣每人三百钱,五个人一年一千五百,不足四百五十。以上可以看出,其中已有加、减、乘等运算,甚至还有除法运算。

四则运算符号中的"＋、－",发明至今已有好几百年的历史了。远古时期,古希腊人和印度人都是把两个数字写在一起表示加法,把两个数字写得分开一些来表示减法。中世纪后期,欧洲商业逐渐发达,一些商人常在装货的箱子上画一个"＋",表示重量超过一些;画一个"－",表示重量略微不足。文艺复兴时期,意大利的艺术大师达·芬奇(Leonardo da Vinci)在他的一些作品中也采用过类似"＋"和"－"的记号。直到公元1489年,德国人正式用这两个符号来表示加减运算。后来经过法国数学家韦达(François Viète)的大力宣传和提倡,这两个符号才开始普及,到1603年终于获得大家的公认。

符号"×、÷"符号的使用,不过300多年。据说,英国人威廉·奥特来德(William Oughtred)于1631年首先在他的著作中用"×"表示乘法,后人沿用至今。中世纪时,阿拉伯数学相当发达,大数学家阿尔·花拉子密(Al － Khwarizmi)曾用"3/4"来表示3被4除。许多人认为,现在通用的分数记号,即来源于此。直到1630年,在英国人约翰·比尔(John Beal)的著作中才出现了"÷"号,据推测他是根据阿拉伯人的分数线"—"与比的记号":"合并转化而成的。

现在绝大多数国家的出版物中,都用"＋"和"－"来表示加与减。"×、÷"却没有普遍使用,一些国家的课本中用"·"代替"×",而在俄罗斯和德国的出版物中一般用":"来代替"÷"。

那么"＝"这个符号又是怎么产生的呢?巴比伦和埃及曾用过各种记号来表示相等。而最早使用近代的符号"＝"却是在中世纪,在雷科德(Robert Recorde)的《智慧的磨刀石》中。他表示,之所以选择两条等长的平行线作为等号,是因为它们再相等不过了。尽管如此,"＝"号的普及,却要等到18世纪,才被大众所接受。

人类最早认识的数是自然数。为了让减法得到普及和推广,引进了零及负数;为了完善乘法的逆运算——除法,引进了分数。可以这样说,正是四则运算的存在即推广,让我们把数从自然数,扩展到了整数,进而又到了有理数。

（二）数的发展——历史上有名的"叛徒"

我们一直都以为,宇宙间的一切数字都能归结为整数或整数之比（即上文说的有理数）,这也是毕达哥拉斯（Pythagoras）及其学派的观点。毕达哥拉斯学派所倡导的是一种称为"唯数论"的哲学观点。他们认为宇宙的本质就是数的和谐,一切事物都必须并且只能通过数学才能得到解释。而他们所谓的"数的和谐"是指一切事物和现象都可归结为整数或整数之比。

但是,他的一个得意门生希帕索斯（Hippasus）却因一个简单的无公度线段的发现,对毕达哥拉斯学派带来了沉重的打击,甚至由此引发了第一次数学危机。

在一般人看来,对于任何两条不一样长的线段,我们都能找到第三条线段,使给定的两条线段都包含第三条线段的整数倍。可是希帕索斯却发现,对于边长为 l 的正方形,设它的对角线为 x,根据勾股定理,则有

$$l^2 + l^2 = x^2$$
$$\therefore x^2 = 2l^2$$
$$x = \pm\sqrt{2}\, l \,(\text{舍掉负根})$$
$$\frac{x}{l} = \sqrt{2}$$

这里出现的 $\sqrt{2}$,正好是 1 与 2 的比例中项,但是无论如何也找不到两个整数之比等于 $\sqrt{2}$。也就是说,x 和 l 之间不可能是整数的比例关系,也就不可能找到一条线段,使 x 和 l 都包含它的整数倍。希帕索斯大约在公元前 400 年发现了这一现象,为此,他也付出了生命的代价,被他的同伴抛进了大海。更有可能,是毕达哥拉斯已经知道了这种事实,而希帕索斯也因为泄密而被处死。不管怎样,这个发现对古希腊的数学观点产生了极大的冲击。这表明,几何学的某些真理与算术无关,几何量不能完全由整数及其比来表示,反之数却可以由几何量表示出来。整数的尊崇地位受到了挑战,于是几何学开始在古希腊数学中占据特殊地位,而 $\sqrt{2}$ 也成了我们所知道的第一个无理数。后来,美籍华人数学家项武指出,有理数的准确翻译应该是"可比数",而无理数的准确翻译应该是"不可比数",算是对这次数学危机做了一个最简明准确的解答。

（三）数的拓展——牛顿带来的,不单单是苹果,还有微积分

无理数的发现,击碎了毕达哥拉斯及其学派"万物皆数"的美梦,同时也暴露出有理数系的缺陷:一条直线（数轴）上的有理数尽管"稠密",但却仍然空出了许多"间隙",而且这种"间隙"多到"不可胜数"。这样,古希腊人把有理数视为连续衔接的算数连续统的设想,就彻底破灭了。它的破灭,在以后两千多年时间内,对数学的发展起到了深远的影响,直到人们真正弄清楚什么是实数,当然,这已经是 19 世纪末的事情了。

17—18 世纪,是微积分的发展的一个黄金时期,几乎吸引了所有数学家的注意力。恰恰是人们对微积分基础知识的关注和重视,使得数域连续性问题的重要性,再次得以凸显。因为,微积分是建立在极限

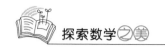

运算基础上的变量数学问题,而极限运算,需要一个封闭的数域。原先的有理数域,被证明存在很多不可避免的"间隙",所以有理数域,并不是一个封闭的数域。举一个例子,在整数范围内乘法运算总是可以的,因为运算结果一定是整数,但除法运算就不可以了,如果你要讨论除法运算,你就必须在整个有理数的范围内进行;同样,在有理数的范围内,开方运算是不行的,要进行开方运算,你必须在比有理数域更大的范围内进行,这就是添加了无理数的实数范围。可以说,无理数正是实数域连续性的关键。也正是因为微积分的飞速发展,数的研究正式迈入了实数时代。

(四) 数的再次进化——实则虚之,虚则实之

16世纪意大利米兰学者卡当(Jerome Cardan)在1545年发表的《重要的艺术》一书中,公布了三次方程的一般解法,被后人称为"卡当公式"。他是第一个把负数的平方根写到公式中的数学家。而给出"虚数"这一名称的,则是大名鼎鼎的法国数学家勒内·笛卡尔(Rene Descartes),如图1-5所示。他在《几何学》(1637年发表)中,使用"虚的数"与"实的数"相对应起来,虚数的名字也由此流传开来。

虚数的出现,引起了数学界的困惑,很多大数学家都不承认虚数。德国数学家莱布尼茨(Gottfried Wilhelm Leibniz)在1702年说:"虚数是神灵遁迹的精微而奇异的隐避所,它大概是存在和虚妄两界中的两栖物。"瑞士数学大师莱昂哈德·欧拉(Leonhard Euler,图1-6)说:"一切形如,$\sqrt{-1}$,$\sqrt{-2}$的数学式子都是不可能有的,想象的数,因为它们所表示的是负数的平方根。对于这类数,我们只能断言,它们既不是什么都不是,也不比什么都不是多些什么,更不比什么都不是少些什么,它们纯属虚幻。"然而,真理性的东西一定可以经得住时间和空间的考验,并最终占有自己的一席之地。欧拉在《微分公式》(1777年)一文中第一次用i来表示-1的平方根,首创了用符号i作为虚数的单位(其中$i^2=-1$)。法国数学家达朗贝尔(Jean le Rond d'Alembert)在1747年指出,如果按照多项式的四则运算规则对虚数进行运算,那么它的结果总是形式如$a+bi$(a、b都是实数)的。"虚数"实际上不是想象出来的,而是确实存在的。

图1-5 笛卡尔像

图1-6 欧拉像

德国数学家在1806年公布了虚数的图像表示法,即用两条坐标轴上的点来表示所有的实数,用坐标平面上的点来表示虚数。意思是说,在直角坐标系中,横轴上取对应实数a的点A,纵轴上取对应实数b的点B,并过这两点引平行于坐标轴的直线,它们的交点C就表示复数$a+bi$。像这样,由各点都对应复

数的平面叫"复平面",也称"阿甘得平面"。高斯(Gauss)在1831年,用实数组(a,b)代表复数$a+bi$,并建立了复数的运算,使得复数的运算也如同实数一样地"代数化"。另外,他还于1832年第一次提出了"复数"这个名词,并将表示平面上同一点的两种不同方法——直角坐标法和极坐标法加以综合,把数轴上的点与实数——对应,扩展为平面上的点与复数——对应。高斯不仅把复数看作平面上的点,而且还看作一种向量,并利用复数与向量之间——对应的关系,阐述了复数的几何加法与乘法运算。至此,复数理论才比较完整系统地建立起来了。经过许多数学家长期不懈的努力,深刻探讨并发展了复数理论,才使得在数学领域游荡了近200年的幽灵——虚数,揭去了神秘的面纱,显现出它的本来面目。原来虚数不虚。虚数成了数系大家庭中一员,从而实数域才扩充到了复数域,复数也是我们目前所研究的最大数域。

随着科学和技术的进步,复数理论已越来越显出它的重要性。它不但对于数学本身的发展有着极其重要的意义,还在现实的应用中,体现自己的价值:为证明机翼上升力的基本定理起了重要作用;在解决堤坝渗水的问题中显示了巨大威力;也为建立巨大水电站提供了重要的理论依据。

回看数字的一生,处处透露着对称的美感。从罗马数字起源的单手到双手,从"V"到"X",从实到虚,从有理数到发现无理数,看似巧合的背后,是数学不断完善的过程。尽管这个过程充满艰辛和坎坷,甚至伴随着鲜血,但是历史前进的车轮,从来没有停止过,我们对于数学的探索,也永无止境。

数 的 进 制

进制,也就是进位计数制,是人为定义的带进位的计数方法(有不带进位的计数方法,比如原始的结绳计数法,唱票时常用的"正"字计数法,以及类似的tally mark计数)。对于任何一种进制——x进制,就表示每一位置上的数运算时都是逢x进一位。十进制是逢十进一,十六进制是逢十六进一,二进制就是逢二进一,以此类推,x进制就是逢x进位。

这里着重介绍二进制。

二进制顾名思义就是逢二进一,二进制有两个特点:它由两个数码0,1组成。为区别于其他进制,二进制数的书写通常在数的右下方注上基数2,或在后面加B表示,其中B是英文二进制Binary的首字母。例如:二进制数10110011可以写成$(10110011)_2$,或写成10110011B。对于十进制数可以不加标注,或加后缀D,其中D是英文十进制Decimal的首字母。计算机领域我们之所以采用二进制进行计数,是因为二进制具有以下优点:

1.二进制数中只有两个数码0和1,可用具有两个不同的稳定状态的元器件来表示一位数码。例如:电路中某一通路电流的有无,某一节点电压的高低,晶体管的导通和截止等。

2.二进制数运算简单,大大简化了计算中运算部件的结构。

二进制的运算法则如下:

加法有四种情况:

$0+0=0$

$$\begin{array}{r} 1011 \\ +\ \ 11 \\ \hline 1110 \end{array}$$ → 逢二进一

$0+1=1$

$1+0=1$

$1+1=10$（0 进位为 1）

乘法也有四种情况：

$0 \times 0=0$

$1 \times 0=0$

$0 \times 1=0$

$1 \times 1=1$

减法也有四种情况：

$0-0=0$

$1-0=1$

$0-1=1$

$1-1=0$

除法有两种情况：

$0 \div 1=0$

$1 \div 1=1$

二进制与十进制之间的转化：

①二进制转十进制的方法:按权展开求和法。

【例】$(1011)_2=1 \times 2^3+0 \times 2^2+1 \times 2^1+1 \times 2^0=(11)_{10}$

规律:个位上数字的次数是 0,十位上数字的次数是 1,……,依次递增;而十分位上数字的次数是 -1,百分位上数字的次数是 -2,……,依次递减。

注意:不是任何一个十进制小数都能转换成有限位的二进制数。

②十进制转二进制的方法(十进制整数转二进数):"除以 2 取余,逆序排列"(除二取余法)

【例】$(89)_{10}=(1011001)_2$

$$
\begin{array}{r|l}
2 & 89 \quad \cdots\cdots\cdots \quad 1 \\
2 & 44 \quad \cdots\cdots\cdots \quad 0 \\
2 & 22 \quad \cdots\cdots\cdots \quad 0 \\
2 & 11 \quad \cdots\cdots\cdots \quad 1 \\
2 & 5 \quad \cdots\cdots\cdots \quad 1 \\
2 & 2 \quad \cdots\cdots\cdots \quad 0 \\
& 1
\end{array}
$$

$\therefore (89)_{10}=(1011001)_2$

当然,在现实生活中,除了二进制和十进制,还有很多别的进制,例如时间的换算就是六十进制,黄金的换算就是十六进制。这些不同的进制,在其发展的历程中,都有着自己的历史和独特背景,对于我们了解数字的发展可以起到不小的作用。

第二章 语言之美——数学让生活充满逻辑

一顾客问售货员："这件上装是现在最时髦的吗?"售货员说："这是现在最流行的时装!"顾客问："太阳晒了不褪色吗?"售货员说："瞧您说的,这件衣服在橱窗里已经挂了三年了,到现在还像新的一样。"

我们的生活中,总会碰到类似自相矛盾的情况,让我们的谈话陷入尴尬。像上面的售货员一样,想来她是卖不出这件时装了吧。这里这个售货员犯的错误就是,试图解释不褪色的原因,与之前"最时髦"的描述产生了前后矛盾。由此可见,在现实的生活中,逻辑总是无处不在的,逻辑的运用也已经不仅仅只局限于数学的范畴。

一、逻辑简史——这是一份简历

逻辑作为一门古老的学科,诞生于希腊,创始人就是著名的哲学家和科学家亚里士多德(Aristotle)(前384—前322)。他虽然没有明确提出"逻辑"这个词,但是他的一段话值得我们深思:一个推理是一个论证,在这个论证中,有些东西被规定下来,由此必然地得出一些与此不同的东西。

在这里,我们把"被规定下来的东西"记作 A,"得出来的东西"记作 B,"必然得出"记为 ⇒,就可以得出一种最简单的推理结构:A⇒B。

这里说的"必然得出的",就是推理的精髓所在,揭示了前提与结论之间的关系。亚里士多德根据这个性质,创造了著名的三段论,并创造了逻辑这门学科。

> 凡人皆会死,
>
> 苏格拉底是人,
>
> 所以,苏格拉底也会死。

这段话,前两句是前提,最后一句是结论,也是我们学习三段论的最基本格式。即只要满足以上格式,并且保证前提都是真的情况下,所得到的结论也是有效的。在历史上,以"三段论"为核心的逻辑思想,一直是人们学习和研究的对象,甚至在中世纪,人们还把"逻辑、修辞和语法"并称为"三艺",列入神学院必修课程之一;而这样的逻辑内容,也习惯上被称为"传统逻辑"。

而我们现在所学习的"现代逻辑",则要追溯到德国的著名哲学家莱布尼茨。他认为,我们可以建立一种普遍的、没有歧义的语言,把推理变成演算;当我们发生争论的时候,坐下来仔细地算一算就可以了。他在这里提出了两个基本思想:构造形式语言和建立演算。但遗憾的是,他没有实现这两个思想。

直到1879年,德国著名的逻辑学家弗雷格发表了《概念文字——一种魔方算数语言构造的纯思维的形式语言》的文章。在这篇文章中,弗雷格引入了数学方法,构造了一种形式语言,并且通过这个语言建立了一个一阶谓词演算系统。这个逻辑系统包含了现代逻辑的基本要素,它标志着现代逻辑的诞生,而弗雷格也被称为现代逻辑的奠基人。

20世纪,英国著名的哲学家罗素和怀特海出版了《自然哲学的数学原理》(如图2-1)。在这部著作中,他们改进了弗雷格的表述方法,发展和完善了一阶逻辑的演算系统,对后来的逻辑发展产生了重大影响。所以这部著作被称为20世纪逻辑学上的"圣经"。

图2-1《自然哲学的数学原理》

在本书中,重点介绍现代逻辑中的一阶逻辑,其主要包括命题演算和谓词演算,这也是现代逻辑中最成熟的一部分。另外,现代逻辑在数学、哲学方面也有着不小的发展,形成了数理逻辑和哲学逻辑等内容丰富的逻辑系统。

二、逻辑的要点——敲黑板,这是"知识点"

1. 有效性和真假的关系

按照亚里士多德的归纳,推理的真谛是"必然可以得出"这6个字,即在符合三段论的条件下,真的前提一定可以得到真的结论。那么这里就有两个问题,第一,有效性作为推理的性质,而真假是相对于前提和结论而言的,因此两者并不相同;第二,真假和有效性的关系,并不是真的前提和真的结论就能带来推理的有效性,而是说在推理有效的基础上,真的前提一定可以带来真的结论。比如:

①如果你是绍兴人,那么你就是浙江人。
　姚明不是绍兴人,
　所以姚明不是浙江人。
②如果你是绍兴人,那么你就是浙江人。
　孙杨不是绍兴人,
　所以孙杨不是浙江人。

从这两个例子可以看到,它们的推理形式是完全一样的;只不过①的结论是正确的,②的结论是错误的。可见,同样的推理形式,前提都是真的情况下,得到的结论未必都是真的,只能说明这个推理形式是无效的。

② 形式逻辑

我们研究推理有效性,其实就是研究推理的形式。推理只要形式正确,那么放入任何内容,推理都是有效的,所以有时候逻辑也叫作形式逻辑。比如下面两个推理形式:

如果 p,所以 q。

P

所以 q ···(1)

所有的 M 都是 P。

所有的 S 都是 M。

所以所有的 S 都是 P。···(2)

这两个都是有效的推理;区别在于,第一个推理是以命题的形式展现的,第二个推理是以概念的形式展现的,因此我们就把这两种推理形式分别称为命题逻辑和词项逻辑(或者谓词逻辑),它们构成了一阶逻辑的基本内容,也就是现代逻辑学的核心。

三、命题逻辑——逻辑学中的"C位一号"

① 命题联结词

命题逻辑的常项是命题联结词。一般情况下,命题联结词可以分为五类:否定词、合取词、析取词、蕴含词和等值词。而命题也正是因为有了命题联结词,才能从简单命题变成复合命题。换句话说,简单命题就是没有联结词的命题,而复合命题则含有以上几类联结词的命题。

(1)否定词

我们用"并非"来表示否定词,而用否定词联结的命题也称为否命题。例如:

我并非要去那里。

我不想走。

这不是我需要的东西。

(2)合取词

我们用"并且"来表示合取词,以下的例子也都是合取词。例如:

小明既报名了数学班,又报名了写作班。

鲁迅不仅是文学家,还是一位思想家。

你可以一边看电视,一边吃饭。

贫贱不能移,富贵不能淫,威武不能屈。

修身,齐家,治国,平天下。

(3)析取词

我们一般用"或者"表示析取词,具体的例子如下:

现金或刷卡。
也许是你对,也许是他对。
要么武松打死老虎,要么老虎吃掉武松。
你的政治面貌是群众、团员,还是党员?

这里需要说明的是,析取词所使用的命题,多是一些选择类的,所以我们有时候也称之为"选言命题"。其实,"选言命题"大致分为两类,一类是相容选言,一类是不相容选言。简单来说,"或者……,或者……"是相容选言,"要么……要么……"是不相容选言。

(4)蕴含词

我们用"如果……那么……"来表示蕴含词,具体的例子如下:

如果你能顺利完成这项工作,那么你就可以拿到录用通知。
学好数理化,走遍天下都不怕。
若是被流感病毒感染,你就会感到不舒服。
如果我踮起脚尖,那我一定会注意到你的。
违者罚款。
不入虎穴,焉得虎子。

我们看到,蕴含命题是比较复杂的问题,它的内容表示可以是多样性的,有表示因果关系的,有表示条件结果关系的,甚至还有一些是虚拟语气的;另外,它的表现形式也是多样性的,可以直接用"如果……那么……"的形式,也可以是"如果……就……","只有……才……","……才能……",或者是一些类似"一旦……","倘若……就……","要是……就……"等类型的词语;甚至,不出现明显联结词的形式,比如最后两句。我们把这一类命题都称为蕴含命题,而这类命题一般表示的的都是一个命题对另一个命题起着类似原因、条件的作用。因此我们也可以把蕴含命题称为假言命题或者条件命题。

(5)等值词

我们一般用"当且仅当"这个数学中常用的词来表示等值命题。例如:

一个数的平方等于零,当且仅当这个数本身等于零。
人不犯我,我不犯人;人若犯我,我必犯人。

这里"我犯人"当且仅当"人犯我",这也揭示了"我犯人"和"人犯我"的等价关系,也就是我们在数学中学到的充分必要条件。

以上我们介绍了复杂命题和简单命题的区别,以及五个命题联结词,在数学上,我们通常会使用小写英文字母来表示命题,用数学的符号来表示上述联结词,如下所示。

$$否定词:\neg p$$
$$合取词:p \cap q$$
$$析取词:p \cup q$$
$$蕴含词:p \Rightarrow q$$
$$等值词:p \Leftrightarrow q$$

我们分析这五类联结词,就是为了分析命题的逻辑性,并简化其中的联系。当然了,只知道这五类联结词以及符号是远远不够的,我们还需要知道它的内涵和性质,这样才能真正把握命题的真实含义。另外,我们还需要了解学习这些内容的目的。我们应该明确,对命题形式的分析只是手段,最终还是为了说明推理的有效性,这将会贯穿这章内容的始终。

2. 真值表

真值表是一种图表,可以系统地显示一个命题是真的或假的的真值条件。在下面的表述中,分别以阿拉伯数字"1"和"0"表示"真"或者"假"。

(1)否定词

对任何命题 p,如果 p 是真的,那么 $\neg p$ 就是假的;如果 p 是假的,那么 $\neg p$ 就是真的。真值表如下:

p	$\neg p$
1	0
0	1

这里明确表示了,p 和 $\neg p$ 不可能同时为真,也不可能同时为假,现实中也是如此。

①刘翔是跨栏运动员。
②刘翔不是跨栏运动员。

以上这两句话,意思就非常明确,只可能其中一个是真的,另一个是假的。但是在日常表述中,还有一切否定的不是很明确的,就需要具体分析。例如:

③有的人长寿。
④有的人不长寿。

看上去,④好像是③的否定,但却不是它的真值否定,因为这两个命题不能都是假的,却可以都是真的。再比如:

⑤今天参加竞赛的,都是数学成绩好的同学。

⑥今天参加竞赛的,不都是数学成绩好的同学。

⑦今天参加竞赛的,都不是数学成绩好的同学。

从上述可知,⑥和⑦都是⑤的否定,但是只有⑥是⑤的真值否定,⑦却不是。所以我们要注意,在进行命题的否定时,尤其是涉及量词的时候,否定需要搞清楚命题内部的结构,具体的内容在后面的章节中会讲到。这里需要明确的是,真值表所表示的否定,指的都是真值否定;真值否定,才和命题本身是一真一假各自对应的。

(2)合取词

对任何命题 p 和 q,$p \bigcap q$ 是真的,当且仅当 p 和 q 都是真的;否则就是假的。真值表如下:

p	q	$p \bigcap q$
1	1	1
1	0	0
0	1	0
0	0	0

合取词的性质中,就能得出,要使命题为真,支命题都必须是真的。在这里需要注意的是,我们要获得命题的真假,只要考虑支命题是否同真即可。对于支命题的位置顺序是不考虑的,也就是 $p \bigcap q$ 和 $q \bigcap p$ 是一致的。但是在现实表述中,还是有所区别的,例如:

⑧他们结了婚,并且有了孩子。

⑨他们有了孩子,并且结了婚。

这里的合取词"并且"在现实中涉及时间先后顺序,这对于整个句子的含义产生了偏差,到底是先结婚后有孩子,还是先有孩子后结婚,这在现实中涉及伦理问题,在中西方文化差异的环境下,导致的结果也是完全不同的。

(3)析取词

对于任何命题 p 和 q,$p \bigcup q$ 是真的,p 和 q 中至少有一个是真的就可以。真值表如下:

p	q	$p \bigcup q$
1	1	1
1	0	1
0	1	1
0	0	0

从真值表上看,析取词和合取词形成了对偶,当且仅当 p 和 q 都是假的时候,$p \bigcup q$ 才是假的。这个在现实中,需要注意的就是析取词的选取问题。相比而言,"要么……要么……"对比"或者……或者……"

来说,二选一的趋向性更强,似乎有二者必居其一的感觉。因此也有人为规定,"或者……或者……"是相容析取,"要么……要么……"是不相容析取。

(4)蕴含词

对于任何命题 p 和 q,$p \Rightarrow q$ 是真的当且仅当不能 p 是真的,而 q 是假的。其真值表如下:

p	q	$p \Rightarrow q$
1	1	1
1	0	0
0	1	1
0	0	1

蕴含词与析取词相比,就不那么容易看出来了。这里为了简单说明,读者只需要记住,只要排除"前提真,而结论假"这类情况,其他的情况都是真的。也就是说,蕴含词就想说明,真的前提,是一定可以得出真的结论的。我们的这种含义是从真假的情况来考虑的,所以一般也被称为实质蕴含,这和我们平时的日常表达有很大区别。

(5)等值词

对任何命题 p 和 q,$p \Leftrightarrow q$ 为真,当且仅当 p 和 q 同时为真,或者同时为假。其真值表如下:

p	q	$p \Leftrightarrow q$
1	1	1
1	0	0
0	1	0
0	0	1

这个表述非常清楚,两个命题相同真值,则命题为真,否则,就是假。但需要注意的是,有时候日常表达与此也有区别。

在日常表述中,例如一些数学定理的证明中出现"当且仅当",就可以理解为是等值词的表述。当然也可能没有出现"当且仅当",例如"人不犯我,我不犯人;人若犯我,我必犯人",这类情况就好比是两个蕴含词的合取,即 $p \Leftrightarrow q = (p \Rightarrow q) \bigcup (p \Leftarrow q)$,或者是两个析取词的合取,即 $p \Leftrightarrow q = (p \bigcap q) \bigcup (\neg p \bigcap \neg q)$,这里的真值表读者可以自己去研究下。

四、谓词逻辑（词项逻辑）——逻辑学中的"C位2号"

1. 主要含义（换位规则、差等规则、矛盾规则）

(1)命题及其形式

如果说命题逻辑研究的是命题之间的联系，那么词项逻辑研究的就是词项之间的联系。我们把词大致分为两类：第一类叫单称词或者个体词，即专有名词，例如中国、亚洲、鲁迅等，表示一个个具体的事物；另一类叫概念词，包括普通名词，如小鸟、哲学家、学生等，也包括形容词和关系词，例如美好的、高的、瘦的、大于、小于等，以及一些"的"字的用法，例如在座的、有营养的等。

"S是P"作为最基本的命题表达方式，在上面添加不同的词，就可以形成不同的命题表达形式。例如：加上"不"，可以变成"S不是P"的命题的否定形式；加上量词，比如全称量词"所有"和特称量词"有"，那么命题的形式就可以变成四种基本形式：

A：全称肯定命题，即所有S是P。
E：全称否定命题，即所有S不是P。
I：特称肯定命题，即有S是P。
O：特称否定命题，即有S不是P。

(2)对当方阵的语义解释

一个基本命题"学生是电脑迷"，如果运用A、E、I、O四种形式表达之后，就变成了：

①所有学生都是电脑迷。
②所有学生都不是电脑迷。
③有的学生是电脑迷。
④有的学生不是电脑迷。

一个简单的命题"S是P"，通过全称量词和特称量词的加入，就变得复杂起来，同时给我们带来的含义也变得多样起来。日常情况下，我们选择相信①，就会同样相信③，并同时不相信②和④；同样地，如果我们相信④，就不会相信①，但是不知道是不是应该相信②和③。因此，这四个形式的命题关系如图2-2所示。

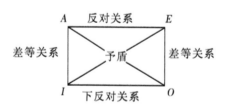

图2-2 四个形式及合题关系

我们简要地对上述四个关系进行分析。

矛盾关系：即 A 和 O 互斥，真假只能存其一，E 和 I 也是一样。

反对关系：如果 A 是真的，则 E 是假的；若 A 是假的，则 E 真假不知。反过来也是如此，E 是真的，则 A 是假的；若 E 是假的，则 A 真假不知。总结成一句话，A、E 只能同假，不能同真。

下反对关系：和反对关系类似，只不过变成：只能同真，不可同假。

等差关系：若 A 是真的，则 I 是真的；若 A 是假的，则 I 真假不知。反过来，如果 I 是假的，则 A 是假的；若 I 是真的，则 A 真假未知；E 和 O 类似。

我们可以用下面这个例题进行讲解。

同寝室甲、乙、丙、丁四位同学有如下对话，并发生了争论。

甲：所有人都是天生自私的。

乙：所有人都不是天生自私的。

丙：有的人是天生自私的。

丁：有的人不是天生自私的。

我们用"S"和"P"来代入，则：

甲：所有 S 是 P。（SA 非 P）

乙：所有 S 都不是 P。（SEP）

丙：有的 S 是 P。（SIP）

丁：有的 S 不是 P。（SOP）

于是，这四位同学从自己的观点出发，并进行正确的判定。那么可能会有如下几种情况：

①当甲反对乙的时候，丙也反对乙，但丁不一定支持乙。

②当丙反对乙的时候，甲也反对乙，但丁不一定支持乙。

③当乙反对甲的时候，丁也反对甲，但丙不一定支持甲。

④当丁反对甲的时候，乙也反对甲，但丙不一定支持甲。

⑤当甲反对丁的时候，乙一定支持丁，而丙保持中立。

⑥当乙反对丙的时候，甲一定支持丙，而丁保持中立。

从这些情况中还可以看出，有以下的可能性存在。

⑦丙有可能认为甲的观点不对，但甲不可能认为丙的观点不对。

⑧丁有可能认为乙的观点不对，但乙不可能认为丁的观点不对。

甲反对乙的观点，是从自己的观点出发，A 如果是真的，那么 E 一定是假的，甲反对丁也是如此；而甲支持丙的原因就是，如果丙是假的，那么甲自己也是假的，所以甲一定会支持丙。乙的情况也类似。

而丙在甲反对乙的时候支持甲，而在乙反对甲的时候保持中立，这是因为如果 I 是真的，那么 E 一定是假的，所以他支持；但是 A 未必是真的，所以他保持中立。丁也类似。

上面的情况说明,在现实中,碰到日常争论,如果加上量词,赞成和反对的情况就会变得非常复杂,因此我们才需要建立对当方阵,来进行计算推理。

(3)对当方阵的推理

通过上述对当方阵的研究,我们了解了 A、E、I、O 四种命题之间的关系,并由此可以构造出它们的推理规则。

首先,就是矛盾规则:

$$SAP \Leftrightarrow \neg(SOP)$$

$$SEP \Leftrightarrow \neg(SIP)$$

$$SIP \Leftrightarrow \neg(SEP)$$

$$SOP \Rightarrow \neg(SAP)$$

如果一个命题是真的,那么它的矛盾就是假的。换言之,矛盾的否定就是真的。因此两者之间是可以相互推导的,也即是等价的;或者用语文中的话说,就是双重否定表示肯定的意思。

其次,差等规则:

$$SAP \Rightarrow SIP$$

$$SEP \Rightarrow SOP$$

$$\neg(SIP) \Rightarrow \neg(SAP)$$

$$\neg(SOP) \Rightarrow \neg(SEP)$$

再次,反对规则:

$$\neg(SIP) \Rightarrow SOP$$

$$\neg(SOP) \Rightarrow SIP$$

最后,下反对规则:

$$\neg(SIP) \Rightarrow SOP$$

$$\neg(SOP) \Rightarrow SIP$$

从这 12 条规则中可以看到,矛盾规则关系最强。其他 8 条关系相对弱一些,我们可以根据矛盾规则、下反对规则,来证明差等规则;也可以用矛盾规则和差等规则,来证明反对规则和下反对规则。

2. 推理方法

下面来介绍两种推理方法,有助于接下来对于三段论的学习。一种叫换位推理(换位规则),一种叫换质推理(换质规则)。

(1)换位规则

$$SEP \Rightarrow PES$$

$$SIP \Rightarrow PIS$$

$$SAP \Rightarrow PIS$$

上述三条规则,其实质是只有前两条的,第三条其实可以根据差等规则和第二条换位规则共同来推导得出的。而仔细看过三条换位规则之后,可以发现,A、E、I 都出现了,唯独没有 O,这就说明特称否定命题是不能换位的。再发现,E 和 I 命题换位之后,命题的质和量词没有发生变化,而只有 A 换位之后,质没变而量词发生了变化。因此我们把 E 和 I 的换位规则称为简单换位规则,而把 A 的换位规则称为限定换位规则。这些规则在日常表达中比较常见。

①所有共产党员都不是有神论者,所以,凡是有神论者都不是共产党员。
②有些少年是英雄,所以有些英雄是少年。
③哲学家都是聪明人,所以,有的聪明人是哲学家。

这些直观的表述,不需要多加解释。

(2)换质规则

换质规则复杂一些,有两个要求:第一,要求改变前提的质,即肯定命题变成否定命题,或把否定命题改成肯定命题;第二,要求给谓项加上否定限制,这里用下画横线来表示这种限制。

$SAP \Leftrightarrow SE\underline{P}$

$SEP \Leftrightarrow SA\underline{P}$

$SIP \Leftrightarrow SO\underline{P}$

$SOP \Leftrightarrow SI\underline{P}$

例如:

④党代会的正式代表都是党员,所以,党代会的正式代表都不是非党员。
⑤所有哺乳动物都不是卵生的,所以,所有哺乳动物都是非卵生的。
⑥有些选修课的学生多,所以,有些选修课的学生并非不多。
⑦有些恐怖分子不是阿拉伯人,所以,有些恐怖分子是非阿拉伯人。

(3)换质位规则

把上述两种规则合并起来,也可以使用。例如:

⑧甲:我们班同学都重视外语学习。
　乙:这么说,你们班所有同学都不是不重视外语学习的。
　甲:对,所有不重视外语学习的都不是我们班同学。

上面包含两个推理,从甲到乙的对话是一个换质推理,即

$SAP \Rightarrow SE\underline{P}$

而乙到甲的对话就是换位推理,即

$SE\underline{P} \Rightarrow \underline{P}ES$

再比如:

⑨英雄一个个都视死如归,所以,所有做不到视死如归的都不是英雄。
我们可以通过下面的证明来判断它的有效性。

∴ PES

SAP 前提

$SE\underline{P}$ 换质规则

$\underline{P}ES$ 换位规则

这个证明只需要两步就可以顺利完成。而在现实例子中，换质还是换位的顺序不固定，我们下面用相声《请客》中的一段话来进行说明。

甲请四个人吃饭，结果有一个人没来，于是：

甲：你看，该来的不来！

乙：嗯！该来的不来，合着我是不该来的？不该来，还不该走吗？（于是乙走了。）

甲：嗨！不该走的走了。

丙：不该走的走了？合着我是该走的啊？该走的，那就走吧。（丙也走了。）

甲：怎么两位都走了？

丁：是得走。因为你太不会说话了，你说"该来的不来"，那么来的肯定是不该来的啊。等那位走了，你又说"不该走的走了"，那不就是说该走的还不走啊，那后面那个自然就走了啊。以后说话你可得注意了啊。

甲：嗨！我说的不是他们啊！

丁：哦！说的是我啊？（丁也走了。）

我们来看看这整件事的推理，是如何从"该来的不来"变成"来的是不该来的"的：

①该来的是不来的   （前提）

②该来的不是并非不来的   （换质）

③该来的不是来的   （双重否定）

④来的不是该来的   （换位）

⑤来的是不该来的   （换质）

这就说明，通过换质位规则，我们就得出来乙内心的结论，所以乙才会走了。

然后我们再来看看，丙是怎么从"不该走的走了"得出"我是该走的"：

①不该走的是走了   （前提）

②不该走的不是没有走的   （换质）

③没有走的不是不该走的   （换位）

④没有走的是该走的   （双重否定）

这里解释了，丙为什么不高兴，走了的原因。那么还有最后一个丁，甲说的这些话，只有三个人听，所以甲说的话要么指的是乙，要么指的是丙，要么指的是丁。既然甲说了，不是说乙、丙，那就一定说的是丁，所以丁也不高兴了，也就走了。

需要注意,这里甲的表达,会让乙、丙还有丁产生这样的理解,关键点就在于他没有使用量词。在日常生活中,没有量词出现的命题,都应该作为全称表达理解,而乙、丙也正是这么理解的。但甲的表达,恰恰是特称表达,指的是"还有一位该来的没来"和"刚刚一位该走的走了"。所以我们在日常表达的时候,需要注意这类歧义,避免引起误会。

③ 三段论(格式,有效性和运用)

(1)三段论的格与式

三段论是指有三个命题组织的推理。其中两个命题是前提,一个命题是结论。每一组这样的推理,被称为三段论。三段论最早由亚里士多德提出的,他把三段论中的推理称为"必然地得出",因此三段论中前提到结论的推理一定是有效的;而三段论也随着逻辑一科的发展,成了传统逻辑的核心内容。

三段论在日常对话和表达中非常常见。例如:

> 知识分子都是应该受到尊重的。
> 人民教师都是知识分子。
> 所以,人民教师都是应该受到尊重的。

又比如:

> 任何污染都是有害的。
> 所有的噪音都是污染。
> 所以,所有的噪音都是有害的。

> 一切侵略战争都是不正义的。
> 一切未经过联合国授权的战争都是侵略战争。
> 所以,一切未经过联合国授权的战争都是不正义的。

> 不正当的收入都是非法所得。
> 有些人的财富是不正当所得。
> 因此,有些人的财富是非法所得。

> 凡是具有正义感的人都不会无动于衷。
> 一些学生具有正义感。
> 因此,一些学生是不会无动于衷的。

以上的四个三段论是比较常见的,尽管他们的量词表达有所不同,有全称的和有特称的,质也是有肯定的,有否定的。我们如果不考虑他们的不同点,它们还是有一些共同点的。比如,我们用大写的英文字母 S、P、M 来代替三段论中的词项变元,并在前提和结论中间画一条横线,表示"必然得出",那么就得到

了它们的共同特点,就得到了他们的共同形式。例如:

$$I : M\text{——}P$$
$$S\text{——}M$$
$$S\text{——}P$$

这样就可以把三段论的基本特征看得非常清楚。我们发现M在两个结论中同时出现,而结论中却没有出现,因此这个词项对于该三段论的结果起着至关重要的作用。传统逻辑把M称作中项。如果把S,M,P的不同未知进行列举,我们可以得到三段论的四种格,如下:

$$I : S\text{——}P; \qquad II : P\text{——}M \qquad III : M\text{——}P \qquad IV : P\text{——}M$$
$$S\text{——}M \qquad\qquad S\text{——}M \qquad\qquad M\text{——}S \qquad\qquad M\text{——}S$$
$$S\text{——}P \qquad\qquad S\text{——}P \qquad\qquad S\text{——}P \qquad\qquad S\text{——}P$$

这里我们最常见的是I类的格式,也是生活中应用最广泛的一类;而亚里士多德建立的三段论格式共分为前三类,第四类是近代的逻辑推理所发展起来的。在现实应用中,拥有I类格式的三段论,称为第一个格的式。而同样在I格式中的其他形式:量词和质的不同,如果加上A、E、I、O的变化,就可以得到下列四个式:

$$I_1 : MAP \qquad I_2 : MEP \qquad I_3 : MAP \qquad I_4 : MEP$$
$$SAM \qquad\qquad SAM \qquad\qquad SIM \qquad\qquad SIM$$
$$SAP \qquad\qquad SEP \qquad\qquad SIP \qquad\qquad SOP$$

这四个式是有效的。至于其他拥有三段论格式的推断,则都是无效的。例如:

有些名人是不知羞耻的。MIP
有些演员是名人。SIM
所有,有些演员是不知羞耻的。SIP

这其中,A, E, I, O的意思是:
A:全称肯定命题,即所有S是P。
E:全称否定命题,即所有S不是P。
I:特称肯定命题,即有S是P。
O:特称否定命题,即有S不是P。
四者的关系如图2-3所示。

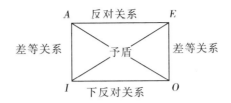

图2-3 四个格式之间的关系

根据同样的道理,其他格的三段论也有许多不同的式,四个格的三段论一共可以构造出256格不同的式,而这其中真正有效的只有24个。如果用 AAA,EAE,AII,EIO 来表示上述四个式的话,那么三段论的24个有效式分别是:

$$Ⅰ:AAA,EAE,AII,EIO;AAI,EAO。$$
$$Ⅱ:AEE,EAE,AOO,EIO;AEO,EAO。$$
$$Ⅲ:AII,IAI,OAO,EIO;AAI,EAO。$$
$$Ⅳ:AEE,IAI,EIO;AEO,EAO,AAI。$$

在传统的逻辑中,上面这24个式都是有效的(我们在传统逻辑中,假定主项不是空的,这就保证了分号后面的9个式都是有效的;至于分号前的15个式,则不受这个影响)。通过总结这24个式,我们可以构造起自己想要表达的三段论及其格式,并判断它的有效性。

(2)判断三段论的规则

三段论的有效式共有24个,如果在日常生活中用这24个式来判断推理的有效性,那当然是最好不过的。这对我们的记忆提出了更高的要求,因此如果存在一些通用的规则,来简化和记忆这24式,可以大大提高我们的推理效率!所以在这部分,就将介绍如下这几条通用的简易规则。

第一,三段论第一格中的前四个式,作为推理的四条基本规则,即

$I_1:MAP$	$I_2:MEP$	$I_3:MAP$	$I_4:MEP$
SAM	SAM	SIM	SIM
SAP	SEP	SIP	SOP

第二,取前面讲过的两条换位规则,两条差等规则和两条矛盾规则作为推理的规则,即

换位规则:$SEP \Rightarrow PES$
$\qquad SIP \Rightarrow PIS$

差等规则:$SAP \Rightarrow SIP$
$\qquad SEP \Rightarrow SOP$

矛盾规则:$SAP \Leftrightarrow \neg(SOP)$
$\qquad SEP \Leftrightarrow \neg(SIP)$

第三,在必要时,命题逻辑的规则也可以使用 _____。

第四,利用以上的规则,从给定的前提出发,证明得出给定的结论。

利用上述四个规则,我们来看一个例子:

马克思主义者都是唯物论者,

有宗教信仰的人都不是唯物论者,

所以,有宗教信仰的人都不是马克思主义者。

我们用 S、E、P 进行词项变元代入,则排列如下:

∴　SEP　　（结论）

①PAM　（前提）

②SEM　（前提）

这里我们将结论和前提分割清楚,然后按照上述的几条规则证明如下:

∴SEP　　（结论）

①PAM　　（前提）

②SEM　　（前提）

③MES　　与上面 SEM 进行换位

④PES　　由③①根据 I_2 推得

⑤SEP　　与上面 PES 进行换位

这里的做法,其实就是将需要证明的三段论还原为第一格的三段论,即上述表明的证明方法,就是将其他格的三段论还原成为第一格的四个式;而第一格的四个式是有效的,那么就能证明其他格的三段论也是有效的,这类方法因为和三段论有着密切的关系,故而称三段论的还原法。

以上的方法来判断三段论是否有效,比死记硬背 24 个式要简单得多。我们对于三段论第一格的四个式在前面已经有相应的认识,并且相比起其他格的三段论,第一格的三段论显然容易理解得多,也比较直观;另外,对于换位、差等和矛盾的这几条规则也比较容易上手。因此我们掌握上述的方法,对于一个有效三段论的判定是很容易的。再如:

一些教师讲课乏味,

所有教师都是有学问的人,

所以,一些有学问的人讲课乏味。

证明如下：

∴　*SIP*　　　（结论）
①*MIP*　　（前提）
②*MAS*　　（前提）
③*PIM*　　与上面*MIP*进行换位
④*PIS*　　由②③根据I_3推得
⑤*SIP*　　与上面*PIS*进行换位

这里其实就用到了第一格中的I_3：*AII*进行的还原，因而说明了这个三段论的有效性。上面都是运用了换位规则进行还原，下面我们来举一个运用等差规则的例子。

所有学术研究都是不能投机取巧的，
一切人文学科的研究都是学术研究，
所以，有的人文学科的学术研究是不能投机取巧的。

证明如下：

∴*SOP*　　　（结论）
①*MEP*　　（前提）
②*SAM*　　（前提）
③*SEP*　　由①②根据I_2推得
④*SOP*　　与上面*SEP*进行等差

这个证明其实就是从*SEP*得到了*SOP*，相当于就是从第一格中的*EAE*式得到了*EAO*式，所以上述24式中，分号后面的式其实就是应用等差规定从分号前面的式子中得来的。

由于换位规则和等差规则相对简单直观，因此根据第一格的四个式，用换位和等差规则来判断有效性是相对比较容易的。但是在前面学习换位规则的时候，我们知道特称否定命题是不能换位，这样对于少数含有*O*的命题，我们就无法使用上述的规则，那么这里我们就需要补充一种证明方法——简介证明法（即从结论的否定形式出发，通过得出矛盾来证明结论的正确性）。

所有发达国家都是科技先进国家，
有些穷国不是科技先进国家，
所以，有些国过不是发达国家。

证明如下：

∴ *SOP*　　　　　（结论）

① *PAM*　　　　　（前提）

② *SOM*　　　　　（前提）

③ →（*SOP*）　　　（否定结论）

④ *SAP*　　　　　与③,矛盾规则

⑤ *SAM*　　　　　由①④根据 I_1 推得

⑥ →（*SAM*）　　　与②,矛盾规则

⑦ *SAM* ∩ →（*SAM*）　矛盾

⑧ *SOP*　　　　　间接证明

上述的证明,其实仍旧用到了第一格中的 I_1 来证明,而用间接证明法,实质就是寻找证明中的矛盾。因此,这样的三段论证明法也被称为归谬证明法,或反三段论法。

需要说明的是,在所有的三段论24个有效式中,第一格的 *AAA* 和 *EAE* 是最直观也是最常用的,通过我们刚才列举的方法,其实是将其他格中的三段论还原成为第一格的四个式。那么如果我们可以将第一格的后两式（*AII* 和 *EIO*）还原成为 *AAA* 和 *EAE*,那么我们在记忆三段论有效式的时候,仅仅只需要记住 *AAA* 和 *EAE* 这两个最基本的有效式就可以了。下面我们就来还原 *AII* 和 *EIO*。先看 *AII*:

MAP

SIM

SIP

证明如下:

∴ *SIP*　　　　　（结论）

① *MAP*　　　　　（前提）

② *SIM*　　　　　（前提）

③ →（*SIP*）　　　（否定结论）

④ *SEP*　　　　　与③,矛盾规则

⑤ *PES*　　　　　与④,换位规则

⑥ *MES*　　　　　由⑤①根据 I_2 推得

⑦ *SEM*　　　　　与⑥,换位规则

⑧ →（*SEM*）　　　与②,矛盾规则

⑨ *SEM* ∩ →（*SEM*）　矛盾

⑩ *SIP*　　　　　间接证明

上述的证明,我们只用到了 I_2 来证明。因此也可以说,把 *AII* 划归为 *EAE* 一档。再来看 *EIO* 式:

MEP

SIM

SOP

证明如下：

∴ *SOP*　　　　　　（结论）

① *MEP*　　　　　　（前提）

② *SIM*　　　　　　（前提）

③ →（*SOP*）　　　（否定结论）

④ *SAP*　　　　　与③，矛盾规则

⑤ *PEM*　　　　　与①，换位规则

⑥ *SEM*　　　　　由⑤④根据I_2推得

⑦ →（*SEM*）　　与（2），矛盾规则

⑧ *SEM* ∩ →（*SEM*）矛盾

⑨ *SOP*　　　　　间接证明

这里我们也只是运用了I_2来证明，因此我们把 *AII* 和 *EIO* 都可以划归为 *EAE* 这一档。那么这么一来，所有的24式都可以用 *AAA* 和 *EAE* 来证明，这对于我们的推理又进行了不小的简化。

✦课外链接

三段论在民事审判中的运用

司法中的三段论，顾名思义，就是指逻辑上的三段论。推理运用于司法过程的一种思维方式，是形式逻辑三段论融入相关法律实质内容，在法律和事实间整合的应用。也就是在司法裁判中，法官以法律规范为大前提，案件事实为小前提，最后得出裁判结果的一种推理过程。一个法律规范通常被分为"要件事实"和"后果"两部分，只要一个具体事实满足这个规范所规定的所有事实要件，则可运用司法三段论得出相应的结果。用通俗浅显的话来说，所谓用司法三段论来推理，就是以理服人，此处的理是指法律理由及其相应的案件事实。

1. 三段论中蕴含的规律

这个裁判的逻辑公式本身蕴含的逻辑规律是：大前提正确，小前提正确，结论必定正确；大前提、小前提只要有一个错误，结论必定错误。具体到法律领域，其逻辑规律就是：法律规范为大前提，此处的法律规范必须是一个完全的条文，即包括假定与法律效果，法庭所确认的案件事实能被归类到法律规范中为

小前提,此处的案件事实也并非客观现实的再现,而是经过证据证明的法律事实,最后的裁判就是结论。事实认定正确,法律适用正确,裁判必定正确;事实认定、法律适用只要有一个错误,裁判必定错误。任何一个合格的判决书,一方面要说明判决的理由,另一方面要说明判案结论的必然性和正当性,实质上就是一个适用法律推理以得出判案结论的过程。其表现形式为:

$$T \longrightarrow R \quad (大前提:符合T构成要件则适合R法律后果)$$
$$\underline{S \cdots\cdots T} \quad (小前题:待决案件事实符合T构成要件)$$
$$S \longrightarrow T \quad (结论:待决案件事实适用R法律后果)[③]$$

2. 运用三段论审理民商事案件的方法

作为司法三段论大前提的法律规范,是抽象的、普遍的、一般性的规范,而作为司法三段论小前提的案件事实则是具体的、个案的。如何运用三段论准确地把抽象的、一般性的规范适用于具体的个案,从而推导出正确的裁判结果,这就要求法官能够恰当地构建司法三段论的大前提和小前提,也就是确认案件事实、查找法律规范,最后做出司法裁判。但法官做出裁判的过程并不是先有大前提,再有小前提,最后得出裁判结果;而是要不断整合案件事实,使案件事实类型化,把案件事实提升为某种法律关系,再根据案件事实寻找相关的法律规范,并且要在案件事实和法律规范之间来回审视,使案件事实向法律规范提升,使法律规范向案件事实贴近,最后做出裁判。可见,法官运用三段论审理民商事案件不可避免地要经历当事人诉争焦点的归纳、大前提的确定、法律条款构成要件的分解、争议要件事实的调查这几项工作,最后才能进行审判推理,得到裁判结论。

(1)归纳诉争焦点

适用三段论来审理案件的第一项工作就是归纳案件的诉争焦点。归纳当事人诉争的焦点问题是庭审中的核心工作,也可以说是庭审中的一个程序转化器。它使当事人从起诉、答辩、罗列证据的程序过渡到围绕诉争焦点问题进行举证、质证、辩论这一核心程序,以便法官查清案件的事实真相,即在无限接近客观真实的情况下确认法律真实,从而明确责任,适用法律。每一个民商事案件都有一个或几个诉争焦点,一个法官接手一个案件时首要工作就是归纳案件焦点,切忌遗漏。例如,解除合同案件、是否符合约定解除条件或者符合法定解除条件、是否通知对方解除合同都可能是案件焦点。归纳庭审焦点问题,不是简单地对双方当事人诉争的问题进行语言上的归纳,不能将"原告的起诉是否符合法律规定""是否有依据""是否有证据支持"等纯粹语言上的修饰作为归纳的焦点问题,而应当从法律关系方面、客观事实方面、适用法律方面进行归纳,一定要在当事人复杂的诉讼材料中正确提炼出当事人的诉争焦点。

(2)找法确定大前提

适用三段论来审理案件的第二项工作就是找法。在完成诉争焦点的归纳后,就要找到解决诉争焦点应当适用的法律条款,也就是要找到司法三段论的大前提。民商事案件找法的结果有三种可能性:一是有可供适用的法律规范,但却有多个法律规定,应适用哪一个条文,应当按照这样的原则来处理:上位法优于下位法;特别法优于普通法,强行法优于任意法,例外规定优于一般规定,具体规定优于原则性规定。

二是没有法律规定,即*存在法律漏洞*。填补法律漏洞的方法包括依据习惯、类推适用、目的性扩张、目的性限缩、反对解释、比较法解释、直接适用诚实信用原则,法官直接创设规则。三是法律虽有规定,却因过于抽象而无法直接予以援引,还须加以具体化。如民法上的"显失公平""重大过失"等,之所以设置了类似的概念,是因为立法者要借以维持法律的稳定性,使法律能够适应社会变迁。当遇到类似不确定的概念时,法官就要参透立法者的立法原意,以立法原意作为适用法律的标准。

(3)分解法律条款构成要件

法律的调整范围是社会生活,而不同的法律规范调整着不同的社会生活,其构成要件也千差万别。适用三段论来审理案件的第三项工作,就是分解法律条款的构成要件,确定法律条款的法定事实构成要件,其目的是要把案件事实的分析纳入法律要件事实考虑的范畴之中。根据归纳的案件焦点,找出用来解决每一个焦点的法律条款,法律条款在逻辑上由假定条件、行为模式和法律后果三部分组成,其中假定条件与行为模式统称为法定事实构成要件。不同案件的焦点都是不同的(集团诉讼案件除外),即使同一案件直接对应一个或几个法律构成要件也是不同的,不同的要件决定着不同的要件事实。例如,表见代理的构成要件有:①以本人名义为法律行为;②行为人无代理权;③有使相对人信其有代理权的表征;④相对人为善意。又如,解除合同案件,是否通知对方解除合同是案件焦点,是否通知对方解除合同的事实就是本案的争议要件事实。再如,一般侵权行为的构成要件包括:有加害行为、有损害事实的存在、加害行为与损害事实之间有因果关系、行为人主观上有过错等四个方面。

(4)争议要件事实的调查

围绕争议焦点找准法律条款,分解出法律条款的要件事实后,法官应再将目光转移到案件事实的认定上,通过认定案件事实对司法三段论小前提的确定。而要做到准确认定案件事实,就需要对当事人双方提供的用以证明其陈述的证据做出正确的判断。当事人双方关于案件事实的陈述可以分为一般事实和争议事实两部分,一般事实就是指双方当事人都认可、没有争执的事实,在民事诉讼中这部分事实是不需要另外提供证据加以证明的。除了一般事实外,就是争议的事实,争议的事实必须经过审查和认定。但争议的事实又分为两类,一类是靠法官的知识经验就足以认定的,这类事实一般是法定的;另一类是必须基于对诉讼中出现的证据进行判断才能认定的,这部分事实往往是查明案件事实的关键,直接决定最终的裁判结果。对这些证据,第一,要进行合法性判断,即判断当事人双方提供的证据是否具有作为认定案件事实根据的资格;第二,是真实性判断,即当事人双方所提供的证据是否是案件发生时和案件有密切联系的、真实存在的证据;第三,证据的内容、意义的判断,即判断出具有合法性、真实性的证据所能够证明的问题,这决定着案件事实的性质;第四,证据效力的判断,即如果当事人双方提供的证据仍存在矛盾,就要对证明力较大的证据予以确认,根据证明力较强的证据认定案件事实。

(5)审判推理

事实推理和法律推理是两种相对独立的推论,它们不可相互替代,不可相互归约。事实推理为审判推理建立裁判小前提,为法官做出司法裁判准备事实上的理由;法律推理为审判推理建立裁判大前提,为司法裁判寻找法律上的理由。这两种推理的结果共同构成审判推理不可缺少的前提和理由。法官基于事实理由和法律理由得出司法裁判结论的过程,是一个逻辑推论的过程,这个过程完全由逻辑规则支配。一旦通过事实推理和法律推理建立了裁判小前提和裁判大前提,那么,只要诉诸演绎推理的逻辑规则,就

能进行审判推理,必然得出司法裁判结论。所谓审判推理或司法裁判推理,是指基于事实推理和法律推理的结果做出裁判的推论过程。因此,与事实推理和法律推理相比,审判推理是比较简单的,只要运用或遵循逻辑规则即可,即根据法律规范的构成要件确定争议要件事实锁定小前提,再根据法律规定的大前提做出裁判。

当我们依据大前提和小前提得出裁判结论后,也就是说以事实为根据、以法律为准绳做出裁判时,我们还应当要对做出的裁判是否正确进行反省,看一看裁判结果是否具有合法法、正当性和必然性,是否能够被人们普遍接受。当裁判结果具有合法性、正当性和必然性,能够被普遍接受时,证明法官在做出裁判时所构建的大前提和小前提都是正确的,从而做出的裁判也是正确的。反之,法官就要重新审视在做出裁判时所构建的大前提和小前提是否存在错误,找到问题的症结,重新构建司法三段论的大前提和小前提,保证裁判结果的正确。

第三章 优选之美——最优化选择

唐朝诗人李颀的诗《古从军行》开头两句说："白日登山望烽火,黄昏饮马傍交河。"诗中隐含着一个有趣的数学问题。

如图3-1所示,诗中将军在观望烽火之后从山脚下 的 A 点出发,走到河边饮马后再到 B 点宿营。请问怎样走才能使总的路程最短?

最优化是应用数学的一个分支,主要指在一定条件限制下,选取某种研究方案使目标达到最优的一种方法。最优化问题在当今的军事、工程、管理等领域有着极其广泛的应用。下面就几个基本的最优化模型进行讲解。

(一) 最短距离——捷径,不只有"两点之间直线最短"

这里面就涉及数学中的一个应用分支——最优化,生活中也称为优选,主要指在一定条件限制下,选取某种研究方案使目标达到最优的一种方法。最优化问题在当今的军事、工程、管理等领域有着极其广泛的应用。在本章,我们从中选择了几个简易的模型,对最优化问题进行讨论和分析,让读者在遇到实际问题的时候有迹可循。

1. 模型分析

可将问题进行简化后作图,如图3-2所示,从 A 出发向河岸引垂线,垂足为 D,在 AD 的延长线上,取 A 关于河岸的对称点 A′,连接 A′B,与河岸线相交于 C,则 C 点就是饮马的地方,将军只要从 A 出发,沿直线走到 C;饮马之后,再由 C 沿直线走到 B,所走的路程就是最短的。

如果将军在河边的另外任一点 C′饮马,所走的路程就是 AC′+C′B,但是,AC′+C′B=A′C′+C′B>A′B=A′C+CB=AC+CB。

可见,在 C 点外任何一点 C′饮马,所走的路程都要远一些。

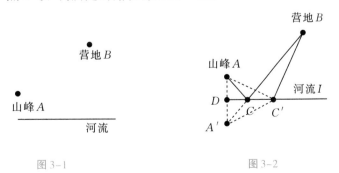

图 3-1   图 3-2

2. 模型归纳

类似"和最小"问题常见的问法是,在一条直线上找一点,使得这个点与两个定点距离的和最小(将军饮马问题)。如图3-3所示,在直线 l 上找一点 P 使得 $PA+PB$ 最小,当点 P 为直线 AB' 与直线 l 的交点时,$PA+PB$ 最小。

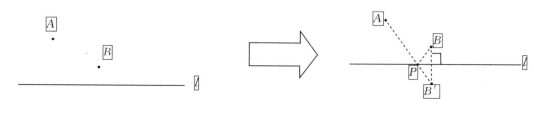

图 3-3

3. 模型推广

①如图3-4所示,在直线 l 上找一点 B,使得线段 AB 最小。过点 A 作 $AB\perp l$,垂足为 B,则线段 AB 即为所求。

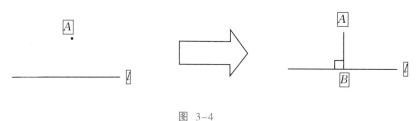

图 3-4

②如图3-5所示,在直线 l 上找一点 P 使得 $PA+PB$ 最小。过点 B 作关于直线 l 的对称点 B',BB' 与直线 l 交于点 P,此时 $PA+PB$ 最小,则点 P 即为所求。

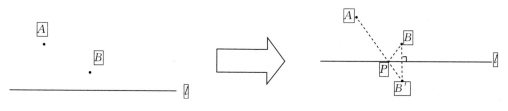

图 3-5

③如图3-6所示,在 $\angle AOB$ 的边 AO,BO 上分别找一点 C,D 使得 $PC+CD+PD$ 最小。过点 P 分别作关于 AO,BO 的对称点 E,F,连接 EF,并与 AO,BO 分别交于点 C,D。此时 $PC+CD+PD$ 最小,则点 C,D 即为所求。

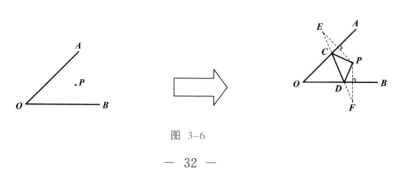

图 3-6

④如图3-7所示,在∠AOB的边AO,BO上分别找一点E,F,使得DE+EF+CF最小。分别过点C,D作关于AO,BO的对称点D′,C′,连接D′C′,并与AO,BO分别交于点E,F。此时DE+EF+CF最小,则点E,F即为所求。

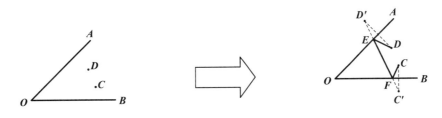

图 3-7

⑤如图3-8所示,长度不变的线段CD在直线l上运动,在直线l上找到使得AC+BD最小的CD的位置。分别过点A,D作AA′∥CD,DA′∥AC,AA′与DA′交于点A′,再作点B关于直线l的对称点B′,连接A′B′与直线l交于点D′。此时点D′即为所求。

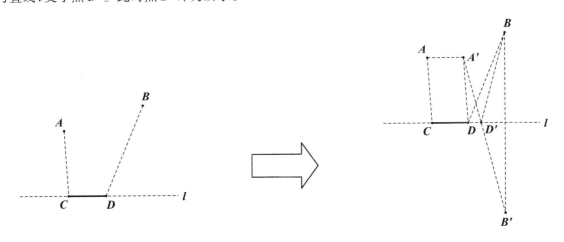

图 3-8

⑥如图3-9所示,在平面直角坐标系中,点P为抛物线y=x²上的一点,点A(0,1)在y轴正半轴上。点P在什么位置时PA+PB最小?过点B作直线l:y=−1的垂线段BH′,BH′与抛物线交于点P,此时PA+PB最小,则点P即为所求。

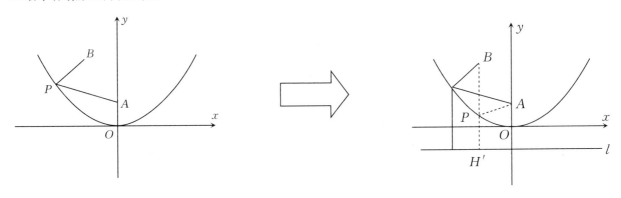

图 3-9

一、线性规划问题——纸上得来未必浅

线性规划(Linear Programming,简称LP)是运筹学中研究较早、发展较快、应用广泛、方法较成熟的一个重要分支,它是辅助人们进行科学管理的一种数学方法。作为运筹学的一个重要分支,线性规划广泛应用于军事作战、经济分析、经营管理和工程技术等方面,为合理利用有限的人力、物力、财力等资源,做出最优决策,并提供科学的依据。

我们这里讲的线性规划,是基于坐标轴和约束条件下的线性方程来构造的可行区域,从而解决最值问题的模型。这对我们的数学应用能力提出了新要求。

1. 基本概念

我们知道,在已经学习的函数内容中,每种函数都有相应的图像与之一一对应,其中一次函数,对应的图像就是一条直线,即满足一次函数解析式的所有 x 和 y 所形成点 (x,y),都在其对应图像(直线)上,而图像(直线)上的点 (x,y),其 x 和 y 也都满足一次函数的解析式。这里的一次函数解析式,说白了就是二元一次方程,其中 x 和 y 就是其中的未知量。那么等式有图像,不等式一样也有图像,下面就介绍线性规划中,二元一次不等式(组)如何表示平面区域。

(1)一般地,二元一次不等式 $Ax+By+C>0$ 在平面区域中,表示直线 $Ax+By+C=0$ 某一侧的所有点组成的平面区域(开半平面),且不含边界线。不等式 $Ax+By+C\geqslant0$ 所表示的平面区域包括边界线(闭半平面)。

(2)由几个不等式组成的不等式组所表示的平面区域,是指各个不等式组所表示的平面区域的公共部分。

(3)二元一次不等式所表示的平面区域的判断方法。

① 可在直线 $Ax+By+C=0$ 的某一侧任取一点,一般取特殊点 (x_0,y_0),从 Ax_0+By_0+C 的正(或负)来判断 $Ax+By+C>0$(或 $Ax+By+C<0$)所表示的区域。当 $C\neq0$ 时,常把原点 $(0,0)$ 作为特殊点。

② 也可以利用如下结论判断区域在直线的哪一侧。

(i) $y>kx+b$ 表示直线上方的半平面区域,$y<kx+b$ 表示直线下方的半平面区域。

(ii)当 $B>0$ 时,$Ax+By+C>0$ 表示直线上方区域;$Ax+By+C<0$ 表示直线下方区域。

当 $B<0$ 时,$Ax+By+C<0$ 表示直线上方区域;$Ax+By+C>0$ 表示直线下方区域。

2. 简单线性规划

目标函数:关于 x,y 的要求最大值或最小值的函数,如 $z=x+y,z=x^2+y^2$ 等。

约束条件:目标函数中的变量所满足的不等式组。

线性目标函数:目标函数是关于变量的一次函数。

线性约束条件:约束条件是关于变量的一次不等式(或等式)。

线性规划问题:在线性约束条件下,求线性目标函数的最大值或最小值问题。

最优解:使目标函数达到最大值或最小值的点的坐标,称为问题的最优解。

可行解:满足线性约束条件的解(x,y)称为可行解。

可行域:由所有可行解组成的集合称为可行域。

3. 用图解法解决线性规划问题的一般步骤

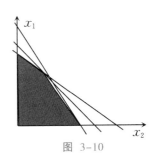

图 3-10

(1)根据题意,设出变量x,y;

(2)列出线性约束条件;

(3)确定线性目标函数$z=f(x,y)$;

(4)画出可行域,如图3-10所示(即各约束条件所示区域的公共区域);

(5)利用线性目标函数作平行直线系$y=f(x)$(z为参数);

(6)观察图形,找到直线$y=f(x)$(z为参数)在可行域上使z取到最值的位置,以确定最优解,给出答案。

4. 例题

(1)A市、B市和C市分别有某种机器10台、10台和8台。现在决定把这些机器支援给D市18台,E市10台。已知从A市调运一台机器到D市、E市的运费分别为200元和800元;从B市调运一台机器到D市、E市的运费分别为300元和700元;从C市调运一台机器到D市、E市的运费分别为400元和500元。设从A市调x台到D市,B市调y台到D市。当28台机器全部调运完毕后,用x、y表示总运费W(元),并求W的最小值和最大值。

[解析] 由题意可得,A市、B市、C市调往D市的机器台数分别为x、y、$(18-x-y)$,调往E市的机器台数分别为$(10-x)$、$(10-y)$、$[8-(18-x-y)]$。于是得

$$W=200x+800(10-x)+300y+700(10-y)+400(18-x-y)+500[8-(18-x-y)]$$

$$=-500x-300y+17200$$

设$W=17200-100T$,其中$T=5x+3y$,

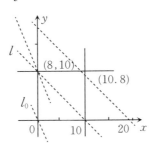

图 3-11

由题意可知其约束条件是

作出其可行域如图3-11:

作直线l_0:$5x+3y=0$,

再作直线l_0的平行直线l:$5x+3y=T$

当直线l经过点$(0,10)$时,T取得最小值;当直线l经过点$(10,8)$时,T取得最大值。

所以,当$x=10$,$y=8$时,$W_{min}=9800$(元);当$x=0$,$y=10$时,$W_{max}=14200$(元)。

答:W的最大值为14200元,最小值为9800元。

(2)某矿山车队有4辆载重量为$10\,t$的甲型卡车和7辆载重量为$6\,t$的乙型卡车。有9名驾驶员,此车队每天至少要运$360\,t$矿石至冶炼厂。已知甲型卡车每辆每天可往返6次,乙型卡车每辆每天可往返8次。甲型卡车每辆每天的成本费为252元,乙型卡车每辆每天的成本费为160元。问每天派出甲型车与乙型车各多少辆,车队所花成本费最低?

[解析]弄清题意,明确与运输成本有关的变量的各型车的辆数,找出它们的约束条件,列出目标函数,用图解法求其整数最优解。

解:设每天派出甲型车x辆、乙型车y辆,车队所花成本费为z元,那么

$$\begin{cases} x+y\leqslant 9 \\ 10\times 6x+6\times 8y\geqslant 360 \\ x\leqslant 4, x\in \mathbf{N} \\ y\leqslant 7, y\in \mathbf{N} \end{cases}$$

$$z=252x+160y$$

作出不等式组所表示的平面区域,即可行域,如图3-12作出直线l:$252x+160y=0$,把直线l向右上方平移,使其经过可行域上的整点,且使在y轴上的截距最小观察图形,可见当直线$252x+160y=t$经过点$(2,5)$时,满足上述要求。此时,$z=252x+160y$取得最小值。即$x=2$,$y=5$时,$z_{min}=252\times 2+160\times 5=1304$。

答:每天派出甲型车2辆,乙型车5辆,车队所用成本费最低。

图3-12

◆ 课外链接

课后练习

1. 最短距离练习

① 如图3-13,是一个三级台阶,它的每一级的长、宽、高分别为20dm、3dm、2dm,A和B是这个台阶两个相对的端点,A点有一只蚂蚁,想到B点去吃可口的食物,则蚂蚁沿着台阶面爬到B点的最短路程是_____。

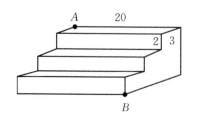
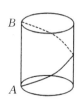

图3-13　　　　图3-14

② 如图3-14,壁虎在一座底面半径为2米,高为4米的油罐下底边沿A处,它发现在自己的正上方油

罐上边缘的 B 处有一只害虫,便决定捕捉这只害虫。为了不引起害虫的注意,它故意不走直线,而是绕着油罐,沿一条螺旋路线,从背后对害虫进行突然袭击。结果,壁虎的偷袭获得成功,享用了一顿美餐。请问壁虎至少要爬行多少路程才能捕到害虫?(π 取 3,结果保留 1 位小数,可以用计算器计算)

③如图 3-15,现在有长方体木块的长 3 厘米,宽 4 厘米,高 24 厘米。一只蜘蛛潜伏在一个顶点 A 处,一只苍蝇在这个长方体上和蜘蛛相对的顶点 B 处,蜘蛛急于想捉住苍蝇,沿着长方体的表面向上爬。它要从点 A 爬到点 B 处,有无数条路线,它们有长有短,蜘蛛究竟应该沿着怎样的路线爬上去,所走的路程 S 会最短。你能帮蜘蛛找到最短路径吗?

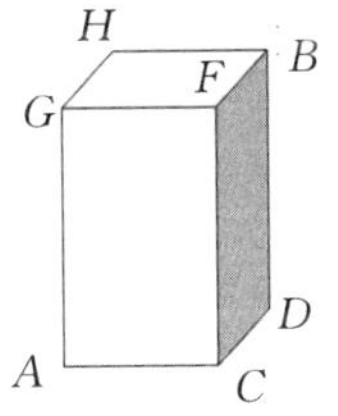

图 3-15

④如图 3-16,有一棵树直立在地上,树高 2 丈,粗 3 尺。有一根葛藤从树根处缠绕而上,缠绕 7 周到达树顶。请问这根葛藤条有多长?(1 丈等于 10 尺)

图 3-16

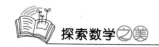
⑤一种盛饮料的圆柱形杯(如图 3-17),测得内部底面直径为 5cm,高为 12cm,吸管放进杯里,杯口外面露出 5cm。请问吸管要做多长?

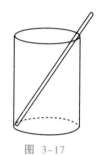

图 3-17

⑥如图 3-18,将一根 25cm 长的细木棒放入长、宽、高分别为 8cm、6cm 和 10cm 的长方体无盖盒子中,则细木棒露在盒外面的最短长度是多少 cm。

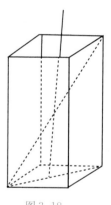

图 3-18

⑦等边 △ABC 的边长为 4,AD 是 BC 边上的中线,M 是 AD 上的动点,E 是 AC 边上一点,且 AE = 1,则 $(EM + CM)^2$ 的最小值为_____。

⑧一副直角三角板(如图3-19)放置,点C在FD的延长线上,$AB /\!/ CF$,$\angle F = \angle ACB = 90°$,$\angle E = 45°$,$\angle A = 60°$,$AC = 10$,求$CD$的长。

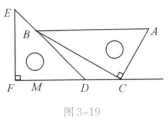

图3-19

② 线性规划问题练习

①不等式$x + 3y - 7 > 0$表示直线$x + 3y - 7 = 0$_____方的平面区域。

②如图3-20,阴影部分表示的区域可用二元一次不等式组表示为_____。

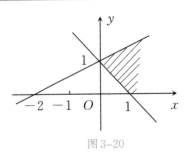

图3-20

③点$(3,1)$和$(-4,6)$在直线$3x - 2y + a = 0$的两侧,则a的取值范围是_____。

④设不等式组 $\begin{cases} x \geqslant 0 \\ y \geqslant 0 \\ x \leqslant 2 \\ y \leqslant 2 \end{cases}$ 所表示的区域为A,现在区域A中任意丢进一个粒子,则该粒子落在直线$y = \dfrac{1}{2}x$上方的概率为_____。

⑤不等式组 $\begin{cases} x \geqslant 0 \\ x+3y \geqslant 4 \\ 3x+y \leqslant 4 \end{cases}$ 所表示的平面区域的面积(图3-21)等于_____。

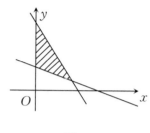

图3-21

⑥求由约束条件 $\begin{cases} x+y \leqslant 5 \\ 2x+y \leqslant 6 \\ x \geqslant 0, y \geqslant 0 \end{cases}$ 确定的平面区域的面积 $S_{阴影部分}=$ _____和

周长 $C_{阴影部分}=$ _____。

⑦在约束条件 $\begin{cases} x \geqslant 0 \\ y \geqslant 0 \\ y+x \leqslant s \\ y+2x \leqslant 4 \end{cases}$ 下,当 $3 \leqslant s \leqslant 5$ 时,目标函数 $z=3x+2y$ 的最大值的变化范围

_____。

⑧某研究所计划利用"神七"宇宙飞船进行新产品搭载实验,计划搭载新产品 A、B,要根据该产品的研制成本、产品重量、搭载实验费用和预计产生收益来决定具体安排,通过调查,有关数据如表3-1所示。

表3-1 产品 A 和产品 B 的一些数据

	产品 A(件)	产品 B(件)	
研制成本与搭载 费用之和(万元/件)	20	30	计划最大资 金额300万元
产品重量(千克/件)	10	5	最大搭载 重量110千克
预计收益(万元/件)	80	60	

试问:如何安排这两种产品的件数进行搭载,才能使总预计收益达到最大,最大收益是多少?

第四章 几何之美——对酒当歌，人生几何

在古希腊，有一天毕达哥拉斯走在街上，在经过铁匠铺前他听到铁匠打铁的声音非常好听，于是驻足倾听。他发现铁匠打铁节奏很有规律，前后两次的间隔比例，被毕达哥拉斯用数学的方式表达出来。据说这就是黄金分割（黄金比例）的来历。

我们现在所熟知的黄金分割，多数人只停留在 0.618 这个数字上，其实这是很片面的。黄金分割真正的说法应该是：指将整体一分为二，较大部分与整体部分的比值等于较小部分与较大部分的比值，且其值准确来讲应该是 $\frac{\sqrt{5}-1}{2}$，约等于 0.618。我们有时候把 $\frac{\sqrt{5}+1}{2}$ 和 1.618 也称为黄金分割数。其实在生活中，黄金分割并不是一个冷冰冰的数字，对于它的应用和研究，比我们想象的要多得多。这些也都是数学贴近生活、融入生活的方式。本章我们来一一列举那些在生活中美妙的数学几何。

一、黄金分割——从好听的打铁声开始

1. 数学中的黄金分割

在几何图形中，五角星（图 4-1）就是一点典型的黄金分割图形，因为其五条边相互成黄金比，也是最匀称的比。五星红旗上的五角星形，真正的起源可以追溯到公元前，据说目前发现最早的五角星形图案是在幼发拉底河下游马鲁克（现属伊拉克）发现的一块公元前 3200 年左右制成的泥板上，可见历史悠久。目前，很多国家的国旗都有五角星的图案，也许由于黄金分割的美感蕴含其中，才使得人们对于五角星格外偏爱；黄金矩形（图 4-1），也是典型的黄金分割图形，以其长宽之比为黄金分割而得名，国旗的外形多为 5∶8，就是借鉴了黄金矩形的规格定制的。此外，还有金三角形、黄金椭圆、黄金双曲线等图形。

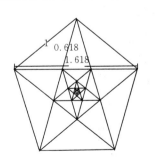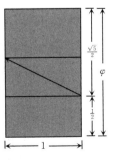

图 4-1 五角星和黄金矩形

意大利人斐波那契是13世纪欧洲著名的数学家。他在1202年出版的著作《算盘书》中,向欧洲人详细介绍了东方数学。该书在1228年的修订本中引入了一个"兔子问题"可谓著名。该题主要是计算由一对兔子开始,一年后繁殖的兔子总对数。题中假定,一对兔子每一个月可以生一对小兔,而小兔子出生的第二个月就能生新的小兔,这样开始时是一对,一个月后成为2对,两个月后为3对,三个月后为5对,……把每个月的兔子对数排成一个数列,即为1,2,3,5,8,13,21,34,55,89,144,233,377,……这便是著名叫"斐波那契数列",其最大的特点就在于:随着列数的项数增加,相邻项之比就不断接近黄金比例。我们根据斐波那契数列画出来的螺旋线,也叫斐波那契螺旋线(图4-2)。它在生活中,尤其是建筑(图4-3)、绘画(图4-4)和影视(图4-5)等方面有着非常广泛的应用。另外,大自然形成的台风眼,从气象云图中看,也是遵循了斐波那契螺旋线的轨迹(图4-6)。

图4-2 斐波那契螺旋线

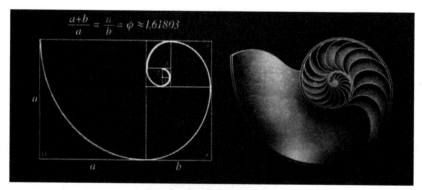

图4-3 斐波那契螺旋线的应用

图4-4 《蒙娜丽莎》

图4-5《琅琊榜》剧照

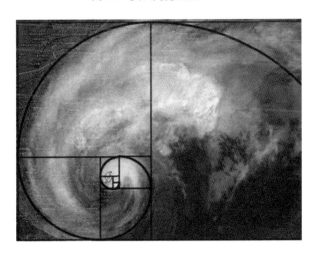

图4-6 台风眼

欧洲中世纪的物理学家和天文学家开普勒(J. Kepler),曾经说过:"几何学里有两个宝库:一个是毕达哥拉斯定理(我们称为"勾股定理");另外一个就是黄金分割。前面可以比作金矿,而后面可以比作珍贵的钻石矿。"在现实生活中,其实处处存在着黄金分割:蜜蜂的蜂巢形状、老师讲台的站位等,这些美妙而神奇的数学几何,等待着有心的你去寻找,去发现。

2. 人体与黄金分割的关系

黄金分割,不但与数字、图形有关,更与我们的人体比例息息相关。中世纪意大利数学家菲波那契在测定了大量的人体后得知:人体肚脐以上的长度与身高之比接近0.618(或简单来说5:8),其中更有少数人的比值等于0.618,被称为"标准身材"。因此,艺术家们在创作艺术人体时,都以黄金比为标准进行创作。如女神维纳斯的体型,完全与黄金比相符,如图4-7所示。

图4-7 女神维纳斯

人体黄金分割因素包括4个方面,即18个"黄金点",如脐为头顶至脚底的分割点、喉结为头顶至脐的分割点、眉间点为发缘点至颏下的分割点等;15个"黄金矩形",如躯干轮廓、头部轮廓、面部轮廓、口唇轮廓等;6个"黄金指数",如鼻唇指数是指鼻翼宽度与口裂长之比,唇目指数是指口裂长度与两眼外眦间距之比,唇高指数是指面部中线上下唇红高度之比等;3个"黄金三角",如外鼻正面观三角、外鼻侧面观三角、鼻根点至两侧口角点组成的三角。除此之外,国内学者近年还陆续发现了其他有关的"黄金分割"数据,如前牙的长宽比、眉间距与内眦间距之比等,均接近"黄金分割"的比例关系。人体黄金分割,如图4-8所示。

图4-8 人体黄金分割

人体有关黄金分割数据的陆续发现,不仅体现了人体是世界上最美妙的物体,更为近年来越来越火的美容医学的发展,为临床进行医学整形和修复提供了科学依据。古希腊人甚至以为,美是神的语言,宣称黄金分割是上帝拥有的尺寸,并为此找寻数学理论为之论证。

几何学天才欧几里德(Euclid)则更进一步。他表示,大自然美丽的奥妙就在于,巧妙和谐事物背后的数学比例大多接近1:0.618。因此,几何学中的黄金分割,即被认为是美的比例,并被人运用到美术创作中。如希腊雕塑的典范作品《持矛者》，塑造了一个体格强壮、动作从容的青年战士形象，体现了作者对"黄金分割"这一最和谐的人体比例关系的探索和应用。现代人们常说的7头身、8头身，也是一个道理。

医学专家也观察到，当人的脑电波频率下限是8赫兹，而上限是12.9赫兹，上下限的比率接近于0.618时，就是身心最具快乐欢愉之感的时刻。秋天气温在人体正常体温的黄金分割点上——23℃左右时，正是人的身心最适度的温度，所谓"秋高气爽"就是这个道理。所以本章的开头，毕达哥拉斯会对打铁的节奏声，如此流连忘返。

另外，组成人体含量最多的物质是水，而成年人体水分占体重的比例，就是0.618。更有人总结出，人体先长的20颗乳牙，和在青春期逐渐变成的32颗恒牙，在数量上的比值，也接近0.618；手臂和手掌间的比值，也是0.618（图4-9）。

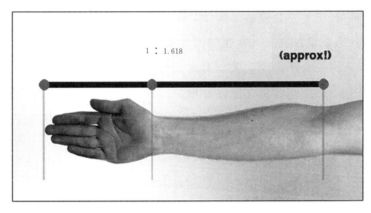

图4-9 人手臂的黄金分割

3. 生活中的黄金分割

生活实际中的黄金分割，就更为普遍了。科学家和艺术家就认为，黄金律是建筑艺术必须遵循的规律。因此，古往今来的建筑大师和雕塑家，就会巧妙地运用黄金分割比，从而创造出了雄伟壮观的建筑杰作和令人倾倒的艺术珍品。

例如，公元前3000年建造的胡夫大金字塔，其原高度与底部边长之比，就约为1∶1.6；公元前五世纪建造的雅典帕特农神庙（图4-10），它的美丽同样也是建立在严格的数学法则上的。如果我们在神庙周围描一个矩形，那么你就会发现，它的长大约是宽的1.6倍，这种矩形就近似可以看成黄金矩形。

图4-10 雅典帕特农神庙

除了建筑上的造型外,绘画中也一样蕴含了黄金律。混色原理,即是通过色彩比例而获得美的一种配色原理。我们知道,两种原色调和后会产生出间色,例如红与黄调和出橙色,而这橙色则可以根据红、黄二色所占的不同比例,呈现出不同的色相来。而在调配中,一种间色所使用的两种原色通常不是等量的,人们习惯采用的调配量比例往往是:黄3—红5—青8。即黄3+红5=青8,或者黄3+青8=绿11;青5+红8=紫13等。这个调配量其实正好符合斐波那契数列,亦即符合黄金分割原理,故而它所调出来的颜色就会比较合适并且自然,看起来给人一种美感。至于两种间色的混合,三种原色的混合,间色与黑色的混合,原色与黑色的混合,原色与其补色的混合,这一切所产生的复色,尽管其中的比例更为复杂,但只要我们找出其各自符合的黄金分割比例来,就不难达到令人满意的程度。

在饮食上,谁能想到,做馒头时放的发酵粉的量与面粉的比值如果正好是0.618的话,做出来的馒头就会变得最好吃;报幕员,通常不会傻站在舞台中央,而是站在舞台宽度的0.618处报幕,效果才最佳;高清4K电视的屏幕为什么要设计成16∶9? 也是因为黄金律的关系:将屏幕的长与宽组成一条线段,取这条线段的黄金分割点来将线段分成两段,则屏幕的长与宽刚好接近它。

现代医学研究表明,0.618与养生之道息息相关,动与静是一个0.618的比例关系,大致可分为四分动,六分静,才是最佳的养生之道;吃饭吃六七成饱,几乎不生胃病,这些,你都学到了么?

二、圆周率 π——记忆大赛的常驻嘉宾

相信很多同学接触到的第一个无理数就是圆周率π,老师总是告诉我们,π是希腊字母,读作"派",是一个无限不循环小数:3.1415926……

但是,也仅此而已。至于圆周率到底是怎么来的,如何计算的,为什么以希腊字母π作为其代替字母? 这些问题的答案,在我们以往的学习中都是没有提到过的,那么在这里,将为大家补全这些问题的答案。

1. π 的来历

首先我们要知道,圆周率π是什么? 它其实就是圆的周长和直径之比。我们吹个肥皂泡,泡泡是圆的(图4-11);雨中落下的水珠,也是圆的;马路上行驶的汽车车轮,也要做成圆的。我们的生活中,有无数圆的东西。古往今来,为了能把这个圆弄清楚,计算出圆周长和直径之比,不知道多少人花费了一生的心血。

图 4-11 泡泡中的圆周率

人们是如何发现圆周率的呢？原来在很早以前，人们就看出，圆的周长和直径之比是一个与圆的大小无关的常数，也就是我们现在所知道的圆周率。只不过在当时，我们对于这个数字并没有统一的称呼。在《周髀算经》中有"周三径一"的记载，认为圆周率是3，这其实就是圆周率在中国最早的记载了。西方《圣经列王记(上卷)》中，有关于所罗门铸海样式的记载："高五肘，径十肘，周三十肘"，可以看出，这里也把圆周率记成3。只不过，这时候的人们，称它为"古率"。西汉的刘歆是第一个对圆周率取3表示不满的人。他通过自己制作的一个铜斛，由其容量来测算出圆周率等于3.1457，即"歆率"；东汉的张衡通过球体积(下文会提及)，计算出其比值等于3.1624，即"衡率"；再之后，三国时期的刘徽首次采用了"割圆术"(图4-12)这一伟大的建模思路，来计算圆周率，通过计算，以$\frac{157}{50}$来表示，即圆周率为3.14，被后人称为"徽率"或者"徽术"。从那以后，"割圆术"就被广泛应用于圆周率的计算，而且其圆内接正多边形，也从最开始的正六边形增加到正四十八边形，使得我们对于圆周率的计算在精确程度上更近一步。直到南北朝时期，南朝科学家祖冲之通过"割圆术"将圆周率精确到了3.1415926到3.1415927之间，并找到了两个近似值$\frac{22}{7}$和$\frac{355}{113}$来具体代替圆周率，即"疏率"或"约率"，这也是当时世界上最精确的圆周率，这个纪录保持了900多年。为纪念祖冲之，日本数学家也把数值$\frac{355}{113}$称为"祖率"。

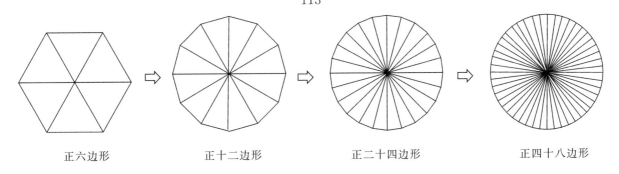

| 正六边形 | 正十二边形 | 正二十四边形 | 正四十八边形 |

图4-12 割圆术的应用

1610年，德国数学家鲁道夫·范·科伊伦(Ludolph van Ceulen)根据古典方法，用2^{62}边形计算圆周率到了小数点后三十五位，有趣的是，他甚至要求后人在他的墓碑上刻上他所计算的圆周率位数，这就是著名的"π墓志铭"。人们也为了纪念他，把这一圆周率近似值叫做"鲁道夫数"。1632年，英国人首先使用$\frac{\pi}{\delta}$来表示圆周率。这是因为，π是希腊文字中"圆周"的第一个字母，而δ则是"直径"的第一个字母，当δ取1时，圆周率就用π来表示。1706年，英国人虽然已率先改用π来代替圆周率，但却没有得到广泛的应用。直至1737年，大数学家莱昂哈德·欧拉在其著作中使用π，并向外界大力推广，π才逐渐被数学家们广泛接受，并一直沿用至今；而我国直到20世纪初期，数学著作由竖排改为横排之后，才比较统一地以"π"来表示圆周率。

2. π的计算

"3.1415926"，用谐音山巅一师一壶酒，两个小刘在跳舞记诵，我们对于这个π的近似值应该都能脱口而出，可你知道么，这样的水平，放在古代，你可能比世上的绝大部分数学家都要精确。很难想象，在远古时期，即便是造个圆的车辕辘，都难于上青天。把π的精确度提高两位，更是需要花费人类不少的时间。

回顾历史，人类对 π 的认识过程，其实就是数学和计算技术发展情形的一个侧面反映。π 的研究，在一定程度上反映的是这个地区或时代的数学整体水平。

德国数学史家格奥尔格·康托尔（Georg·W Cantor）说过："历史上一个国家所算得的圆周率的准确程度，可以作为衡量这个国家当时数学发展水平的指标。"直到 19 世纪初，求圆周率都可说是数学界的头号难题。我们可以将这个漫长而曲折的道路，细分为如下几个阶段。

（1）实验阶段

第一阶段，是通过实验对 π 值进行估算，具体来说，就是以观察或实验为根据，基于对一个圆的周长和直径的实际测量而计算得出的值。

上文我们说到，在古代世界，我们实际使用圆周率 π 的数值一直是 3，在中国的《周髀算经》以及基督教的《圣经》均有记载，"周三径一"就是这个意思。在我国，木工师傅有两句从古流传下来的口诀，叫"周三径一，方五斜七"，意思即是，直径为 1 的圆，周长大约是 3；边长为 5 的正方形，对角线之长约 7。而这正是早期人们对圆周率 π 和 $\sqrt{2}$ 这两个无理数的粗略估计。当时的东汉政府还官方明文规定圆周率取 3 为计算面积的标准，也称为"古率"。

除此之外，在古埃及、古希腊，人们还使用其他粗糙方法的方法来计算圆周率。例如，他们曾把谷粒摆在圆形上，数出粒数，再把谷粒摆在方形上，通过对比来算出比值；或用匀重的木板锯成圆形和方形，称出重量来对比取值等。这些方法所得到圆周率自然会比"3"的数值要更精确些。据说古埃及人，用 $4\left(\frac{8}{9}\right)^2 = 3.1605$ 作为圆周率的值，应用了约四千年；在公元前 6 世纪，印度曾用 $\sqrt{10}$（3.162）来作为圆周率的值；而我国东、西汉之交的新朝王莽，曾令刘歆制造了量斛的容器——律嘉量斛，在这过程中也需要用到圆周率的值，而刘歆就是通过类似的实验，得到一些关于圆周率的近似值。据载有 3.1547、3.1992、3.1498、3.2031 等数，虽然也有误差，但至少比"径一周三"的古率有所进步。这些不够精准的圆周率值，在估计圆田面积的时候，并不会有多大影响，但以此来制造器皿或是进行其他数学计算，就显得不那么合适了。这个时候，历史的进程就到了第二个时期——几何法时期。

（2）几何法时期

前面所述的，凭直观推测或实物度量来计算 π 值的实验方法，所得到的结果是相当粗略的。历史上第一个使圆周率计算建立在科学基础上的人，是阿基米德（Archimedes，公元前 287 年—公元前 212 年），是他首先提出了一种能够借助数学过程而把 π 的值精确到任意精度的方法。圆周率的计算也由此进入第二阶段。

我们知道，圆周长大于内接正四边形而小于外切正四边形（图 4-13），因此 $2\sqrt{2} < \pi < 4$。当然，这个例子，求出的圆周率再粗糙不过了。据说阿基米德是用到正 96 边形来算出其值域的。阿基米德求圆周率更精确的近似值方法，体现在他的一篇论文《圆的测定》中。在文中，阿基米德第一次创造性得用上、下界来确定 π 的近似值，他用几何方法证明了"圆周长与圆直径之比是小于 $3+\frac{1}{7}$ 并且大于 $3+\frac{10}{71}$，并为此提供了误差的估计。重要的是，这种方法从理论上而言，是能够求得圆周率的更准确的值的。到了公元 150 年左右，希腊天文学家托勒密（Claudius Ptolemaeus）得出的 π 值为 3.1416，就是在阿基米德所提

供的方法上,所取得的巨大进步。

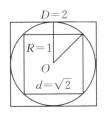

图 4-13 几何法推算圆周率

在我国,刘徽是最先得出较精确的圆周率的人。在公元 263 年前后,刘徽提出了著名的割圆术(图 4-14),得到圆周率 π 为 3.14,也就是通常所称的"徽率"。虽然,他提出割圆术的时间比阿基米德晚一些,但其方法却比阿基米德更为巧妙。割圆术,仅用内接正多边形就确定出了圆周率的上、下界,比阿基米德用内接同时又用外切正多边形要简捷得多。另外,还有人认为,刘徽在割圆术中提供了一种绝妙的精加工办法,以至于他将割到正 192 边形的几个粗糙的近似值,通过简单的加权平均求值,就获得了具有 4 位有效数字的圆周率 π 为 3927/1250,即 3.1416。而这一结果,如果通过正常割圆术的方法来计算得出,需要割到正 3072 边形。可以说,这种精加工方法的效果是很奇妙的。而这一神奇的精加工技术恰恰是割圆术中最为精彩的部分。但令人遗憾的是,由于缺乏理解,它被长期埋没了。

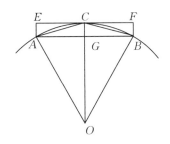

图 4-14 割圆术

在圆周率的研究上,大家最熟悉的,恐怕就是祖冲之。根据《隋书·律历志》记载:

宋末,南徐州从事祖冲之更开密法。以圆径一亿为丈,圆周盈数三丈一尺四寸一分五厘九毫二秒七忽,朒数三丈一尺四寸一分五厘九毫二秒六忽,正数在盈朒二限之间。密率:圆径一百一十三,圆周三百五十五。约率,圆径七,周二十二。

从这一记录中,可以看出祖冲之对于圆周率的两大贡献。

其一,是求得圆周率:3.1415926 < π < 3.1415927。

其二,是得到圆周率 π 的两个近似分数,即约率:22 / 7;密率:355 / 113。

那么,祖冲之又是如何获得这一结果的呢?追根溯源,正是基于对刘徽割圆术的继承与发展,祖冲之才能得到这一非凡的成果。因此,当我们称颂祖冲之的功绩时,也不要忘记,他的成就取得是因为他站在数学伟人刘徽的肩膀上。根据后人的推算,如果要单纯地通过圆内接正多边形边长来计算得到这一结果,需要算到圆内接正 12288 边形。所以,祖冲之是否还使用了其他巧妙的办法来简化计算,已经不得而知了,因为记载其研究成果的著作《缀术》早已失传多年。

祖冲之的这一研究成果享誉世界,比欧洲整整领先了900年。目前,在巴黎发现宫科学博物馆的墙壁上,仍有着文介绍祖冲之求得的圆周率;莫斯科大学礼堂的走廊上,也镶嵌着祖冲之的大理石塑像;甚至在月球上,也有以祖冲之命名的环形山……

1150年,印度数学家婆什迦罗第二(Bhāskara II)计算出π＝3927/1250＝3.1416。1424年,中亚细亚地区的天文学家、数学家卡西(AL－Kāshī,约1380—1429)著《圆周论》,计算了3×2²⁸＝805,306,368边内接与外切正多边形的周长,求出π值,他的结果是:π＝3.14159265358979325,共有17位准确数字。这是国外第一次打破祖冲之的记录。

16世纪,法国数学家弗朗索瓦·韦达(François Viète)利用阿基米德的方法,计算π近似值,他用正6×2¹⁶正边形,推算出了精确到9位小数的π值。韦达的贡献在于,他拥有比阿基米德更先进的工具:十进位置制。17世纪初,德国出生的荷兰数学家鲁道夫·范·科伊伦,用了几乎一生的时间来钻研这个问题。他也将新的十进制与早期阿基米德的方法结合起来,他从正方形开始,一直推导出了有2⁶²条边的正多边形,约4,610,000,000,000,000,000边形,算到了小数后35位,因此在德国,圆周率π也被称为"鲁道夫数"。由此可见,用几何方法求圆周率的值,计算量很大,很多数学家,即便穷尽一生的努力,也改进不了多少。

古典方法已经引领数学家们走了很久了。17世纪数学分析的出现,让圆周率的研究,进入了第三阶段。

（3）分析法时期

这一时期,人们开始摆脱求正多边形周长的繁琐计算,利用无穷级数或无穷连乘积来算圆周率π。

1593年,韦达给出公式:

$$\frac{2}{\pi} = \frac{\sqrt{2}}{2} \times \frac{\sqrt{2+\sqrt{2}}}{2} \times \frac{\sqrt{2+\sqrt{2+\sqrt{2}}}}{2} \cdots\cdots$$

这一不寻常的公式是π的最早期分析表达式。甚至在今天,这个公式的优美也会令我们赞叹不已。它表明,仅仅借助数字2,通过一系列的加、乘、除和开平方运算,就可算出π值。

这之后,类似的表达式依次出现。如沃利斯(Wallis)1650年给出的:

$$\frac{\pi}{2} = \frac{2\times2\times4\times4\times6\times6\times8\times8}{1\times3\times3\times4\times5\times5\times7\times7}$$

1706年,约翰·梅钦(John Machin)建立了一个重要的公式——梅钦公式:

$$\frac{\pi}{4} = 4\,\text{arctg}\,\frac{1}{5} - \text{arctg}\,\frac{1}{239}$$

他利用分析中的级数展开,算到了小数点后100位。

这样的方法远比"可怜"的鲁道夫用大半生时间才算出的35位小数的方法简便得多。显然,数学分析中,级数方法宣告了古典方法的过时。从此之后,对于圆周率的计算像吉尼斯纪录一般,一个接着一个:

1844年,人们利用公式:

$$\frac{\pi}{4} = 4\,\text{arctg}\,\frac{1}{2} + 4\,\text{arctg}\,\frac{1}{5} + 4\,\text{arctg}\,\frac{1}{8}$$

将小数点计算到后200位。

19世纪以后，类似的公式依旧不断涌现，π的位数也在迅速增长。1873年，谢克斯(William Shanks)花费了20年的时间，根据梅钦公式，将π算到小数点后707位。人们在他死后，将这凝聚着他毕生心血的707位数值，铭刻在他的墓碑上，以颂扬他顽强的意志和不懈的努力。可以说，这一惊人的结果，成为此后74年的圆周率标准。半个世纪以来，人们对他的计算结果都深信不疑，或者说，即便有所怀疑，也没有其他办法来检查它的正确性。

直到20世纪一个人的出现——英国数学家弗格森(D.F.Ferguson)，他对谢克斯的计算结果产生了怀疑，因为他发现，在π的数值中，尽管各数字排列没有规律可循，但是各个数字出现的几率大致相同。而他对谢克斯的结果进行统计时，却发现各数字出现的次数并不均等，因此产生怀疑。他使用了当时所能找到的最先进的计算工具，从1944年5月到1945年5月，计算了整整一年时间。于1946年，弗格森果然发现，第528位是错的(5应为4)，并于1948年1月，和另一位数学家一起，共同发表了有808位正确小数的π值。这是人工计算π值的最高纪录。

对此，曾有人曾嘲笑谢克斯：

数学史在记录了诸如阿基米德、费马等人的著作之余，也将会挤出那么一两行的篇幅来记述1873年前谢克斯曾把π计算到小数点后707位这件事。这样，他也许会觉得自己的生命没有虚度。如果确实是这样的话，他的目的达到了。

其实，谢克斯愿意献出人生的大部分时光，来从事圆周率计算这项工作且不求报酬，这本身就是一件很伟大的事情！

(4)计算机时期

1946年，世界上第一台计算机ENIAC(图4-15)制造成功，标志着人类历史进入了电脑时代。电脑的出现，直接导致了数字计算方面的根本革命。1949年，ENIAC根据梅钦公式计算圆周率到了2035(一说是2037)位小数，而所花费的时间，包括准备和整理在内，仅用了70个小时。计算机发展的一日千里，也让圆周率的计算纪录被频频打破。

图4-15 ENIAC

据说，到了1973年，有人无聊地把圆周率算到小数点后100万位后，将结果印成一本200页厚的书，这可能算是世界上最枯燥无味的书了。这之后，纪录频频被打破：1989年突破10亿大关；1995年10月超过64亿位；到了1999年9月30日，《文摘报》报道，日本东京大学教授金田康正(かなだ やすまさ)已求到了2061.5843亿位的小数值。可想而知,如果将这些数字打印在A4大小的复印纸上,令每页印2万位数字,那么,这些纸摞起来将高达五六百米;这之后,金田康正利用一台超级计算机,计算出圆周率小数点后一兆二千四百一十一亿位数,改写了他本人两年前所创造的纪录。这些数字,如果一秒读十位,也要几千年才能读完吧。

不管圆周率推进到多少位,打破多少次纪录,如今也不会令人感到特别惊奇和兴奋了。实际上,把π的数值算得过分精确,应用意义并不大。现代科技领域使用的π值,有十几位就已经足够了。如果用鲁道夫的35位小数π值,计算一个能把太阳系包围起来的圆的周长,其误差也还不到质子直径的百万分之一。引用美国天文学家西蒙·纽克姆(Simon Newcastle)的话来说就是:

"十位小数就足以使地球周界准确到一英寸以内,三十位小数便能使整个可见宇宙的四周准确到连最强大的显微镜都不能分辨的一个量。"

三、牟合方盖——多胖才是胖成球

球体体积公式是$V=\frac{4}{3}\pi r^3$,在2200多年前的古希腊,数学家阿基米德(Archimedes)就已经发现并证明了。而在中国,则要到秦汉时期才能正确地求出球体的体积,其使用的方法被称为"牟合方盖"。

中国的数学典籍《九章算术》的"少广"一章中有所谓"开立圆术"的内容,其中"立圆"的意思即为"球体",古亦称"丸";而"开立圆术",即求已知体积的球体直径的方法。其中有一句:"又有积一万六千四百四十八亿六千六百四十三万七千五百尺,问为立圆径几何?"就是要求球体直径的意思。并在最后,开立圆术解答道:"置积尺数,以十六乘之,九而一,所得开立方除之,即丸径。"从中可知,在《九章算术》内由球体体积求球体直径的方法,是把球体体积先乘16再除以9,然后把所得数开立方根即可,换言之:

球体体积:$V=\frac{9}{16}d^3$

这个方法按照现在的观点来看,自然是错误的,存在不小的误差,但对古人而言,也不失为一个求球体积的方法。

不过,古人也不是没有提出过异议,其中为《九章算术》作注的数学家刘徽便对这公式有所怀疑:

"以周三径一为圆率,则圆幂伤少;令圆囷为方率,则丸积伤多。互相通补,是以九与十六之率,偶与实相近,而丸犹伤多耳。"

即用π取3的标准来计算圆面积时,则所得较实际面积要少;若按π取4的标准来计算球的体积时,则所得球的体积又较实际多了一些,是故需要互相通补;若按9∶16的比率来计算球时,虽然结果接近,但所求仍旧会较实际多一些。因此,刘徽创造了一个独特的立体几何图形,并希望用这个图形来得到球体的体积公式,这个几何体称为"牟合方盖"。

1. 什么是牟合方盖

所谓牟合方盖,就是当一立方体用圆柱从纵横两侧面作内切圆柱体时,两圆柱体的公共部分(图4-16)。刘徽在他的注中对"牟合方盖"有以下的描述:

"取立方棋八枚,皆令立方一寸,积之为立方二寸。规之为圆囷,径二寸,高二寸。又复横规之,则其形有似牟合方盖矣。八棋皆似阳马,圆然也。按合盖者,方率也。九其中,即圆率也。"

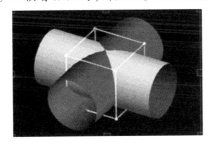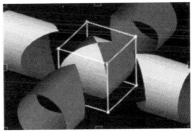

图4-16 牟合方盖的分解

那时,刘徽只知道一个圆与它的外接正方形的面积比为π:4,他希望可以通过构造"牟合方盖"这样的几何体,来证实《九章算术》中公式的错误。当然,他也希望可以通过"牟合方盖",来入手求得球体体积的正确公式。因为他知道,"牟合方盖"的体积跟其内接球体体积之比为4:π,只要有方法找出"牟合方盖"的体积,便能求出球体积。可惜,在这点上,刘徽始终不能解决,他只是指明了计算思路——计算出"外棋"的体积,但由于"外棋"的形状复杂,所以一直没有成功,这个问题也就无奈地被搁置了下来。

2. 牟合方盖的计算

在刘徽去世二百多年后,数学家祖冲之和他的儿子祖暅,承袭了刘徽的想法和思路,利用"牟合方盖",通过求得"外棋"最终彻底解决了球体积的计算。他们的方法如下:

他们将"牟合方盖"连同它的外接立方体,等分成8个边长为r的小正方体,如图4-17(a)所示。进行拆分之后,留下小"牟合方盖"如图4-17(b)所示。它的三个"外棋",如图4-17(c)—(d)所示

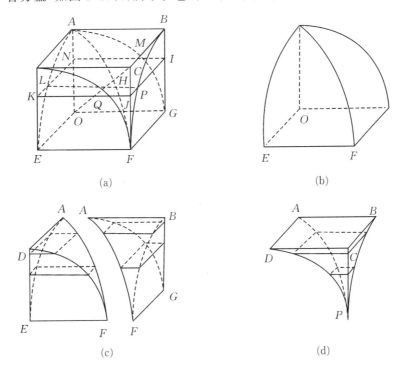

图4-17 牟合方盖的计算

祖冲之父子主要考虑的是这个小立方体的横切面,他们发现小牟合方盖的横切面是一个随着高度变

化而改变面积的正方形。因此,设小立方体的底至横切面的距离为高度h,三个"外棋"的横切面面积总和为S,小牟合方盖的横切面(正方形)边长为a,因此根据"勾股定理"有:

$$a^2 = r^2 - h^2$$

另外,因为

$$S = r^2 - a^2$$

所以

$$S = r^2 - (r^2 - h^2) = h^2$$

对于所有的h来说,这个结果也是不变的。祖氏父子由此出发,取一个方锥(正四棱锥),其底面为正方形,边长和高都等于r,将其倒过来立着,与三个"外棋"体积的和进行比较。设由方锥顶点至方锥横截面的距离为高度h,不难发现,对于任何的h,方锥横截面面积也必为h^2。换句话说,虽然方锥跟三个"外棋"的形状不同,但因它们的体积都可以用截面面积和高度来计算,而在等高处的截面面积又总是相等的,所以它们的体积也是相等的,故祖氏云:

"缘幂势既同,则积不容异。"

所以"外棋"体积之和 = 方锥体积 = $\dfrac{\text{小立方体体积}}{3} = \dfrac{r^3}{3}$

即小牟合方盖体积 = $\dfrac{2r^3}{3}$

牟合方盖体积 = $\dfrac{16r^3}{3}$

因此:球体体积 = $(\dfrac{\pi}{4})(\dfrac{16r^3}{3}) = \dfrac{4}{3}\pi r^3$

这也就是我们现在数学中所学的球的体积公式了。

本章节,谈古论今,数学的几何之美贯穿始终。无论是有趣的黄金分割,还是无尽的圆周率,抑或是神秘的牟合方盖,古人的智慧通通融入其中。我们在秉承古人学习知识的基础上,不断学习,才能不断进步。

◆ 课外链接

黄金分割在日常摄影中的应用

1. 黄金分割比例

黄金分割构图是我们在摄影中常常会用到的一种构图方式。由于它简单实用并且出片效果好,而受到各路摄友的一致好评。虽然它在摄影中很常见,但是很少有人会提到这种构图方法背后的由来和原理。

黄金分割比例，一直被认为是最佳比例。它被欧洲中世纪的建筑师和画家，以及古典派雕塑家广泛应用于作品中(图4-18)，在造型上具有很高的审美价值。正因为其在工艺美术和日用品的长宽设计中，采用这一比值能够引起人们的美感，所以其在实际生活中的应用非常广泛。

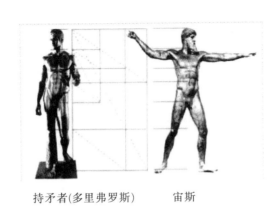

持矛者(多里弗罗斯)　　　　宙斯

图4-18 希腊神像与黄金分割

在一些著名的建筑物中某些线段的比就采用了黄金分割，就连大型演出时的报幕员都不是站在舞台的正中央，而是在台上一侧，以站在舞台长度的黄金分割点的位置为最美观，声音传播效果最佳。

2. 井字构图

我们在作画的时候，常将黄金分割的思想融入其中，井字构图法就这样产生了。井字构图法，一般是指将矩形画面边线平均分成三等份，并将对应的分割点相连，那么画面中的连线就近似都可看成是黄金分割线，线的交叉点就是黄金分割点。

或者将画面横竖各分成10份，取3:7的点，基本上也是处于黄金分割线的位置，那么作图的主体就可以处于黄金分割线的任意一点上，这在西方油画和中国国画中(图4-19)都是常见的。

图4-19 井字构图

在摄影中，这种构图方法通常称为"三分法则"或"井字构图法"(图4-20)。但它实际上仅仅是"黄金

分割"的简化版,其基本目的就是避免对称式构图。因为传统的对称式构图通常把被摄物置于画面中央,这往往令人生厌。而有经验的摄影师,则会将被摄物稍微偏移中心,达到视觉上的美感(图4-21)。

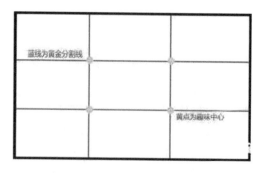

4-20 "三分法则"与"井字构图法"

4-21 被摄物往往并不在画面中央

3. 斐波那契螺旋线

斐波那契螺旋线,也称"黄金螺旋",是根据斐波那契数列画出来的螺旋曲线,自然界中存在许多斐波那契螺旋线的图案,是自然界最完美的经典黄金比例。人体(图4-22)和自然界中的很多事物,都符合这条曲线的轨迹。

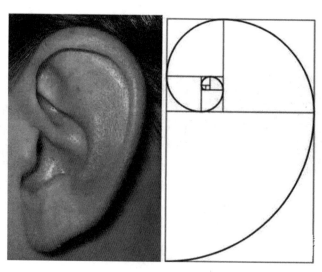

4-22 斐波那契螺旋线与人体构造

斐波那契螺旋线,实际是人们在审视一幅平面画面(不是立体的自然实物)时眼睛注意点的移动路线。这是人类在自然进化中形成的"本能"反应。在全黑或者失去立体视觉的时候,人的视觉注意力会让你从"无穷点"上出发,沿着"黄金曲线"向外"搜索"。人们思考问题时,眼睛会不由自主地转动,这也是在"虚拟"这一搜索过程的结果。

当这种黄金分割构图法被运用到摄影中后,许许多多在摄影史上非常有名的影视作品也就诞生了(图4-23)。

图4-23 剧照中的斐波那契曲线

黄金分割是一个彻头彻尾的数学概念,但由于其具有严格的比例性、艺术性、和谐性,所以蕴藏着丰富的美学价值。无论是在任何领域中,黄金分割都能展现出它别具一格的美感。退一步说,感谢那些数学家们,我们这些摄影爱好者们才又多了两个简单易学的构图方法。

第五章 辩论之美——假作真时真亦假

一条鳄鱼从母亲手中抢走了一个小孩。

鳄鱼:我会不会吃掉你的孩子? 答对了,我就把孩子不加伤害地还给你。

母亲:你要吃掉我的孩子?

鳄鱼:嗯……我怎么办呢? 如果我把孩子交还你,你就说错了。我应该吃掉他。

母亲:可是你必须交给我。如果你吃了我的孩子,我就说对了,你就得把他交回给我。

在生活中,我们也会遇到像上述这样的推理过程:它看上去是合理的,但结果却得出了矛盾。鳄鱼便陷入一个悖论当中,无论鳄鱼怎样做,都无法兑现自己的许诺。因为鳄鱼的诺言有两项内容:

A. 如果母亲猜对,我就释放小孩。

B. 如果母亲猜错,我就吃掉小孩。

在母亲表达了猜测之后,鳄鱼的行为只有两种选择,而这两种选择都与鳄鱼原先的诺言相违背。

鳄鱼的第一种选择,把小孩吃掉。这种选择的结果证明那位母亲的猜测是正确的,按照鳄鱼原先的许诺(A),此时鳄鱼应该把小孩"毫发无伤"地归还啊! 但是鳄鱼却把小孩吃掉了,所以鳄鱼违背了自己的诺言。

鳄鱼的第二种选择,把小孩放掉。这种选择的结果证明那位母亲的猜测是错误的,按照鳄鱼原先的许诺(B),此时鳄鱼应该把小孩吃掉啊! 但是鳄鱼却把小孩释放了,所以鳄鱼还是违背了自己的诺言。这就是著名的鳄鱼悖论。

一、悖论与数学悖论——"知识点",注意区别

悖论:由一个被承认是真的命题为前提,设为 A,进行正确的逻辑推理后,得出一个与前提互为矛盾命题的结论非 A;反之,以非 A 为前提,亦可推得 A。那么命题 A 就是一个悖论。

数学悖论:数学悖论是有关数学的悖论,按照广义的悖论定义,所有数学规范中发生的无法解决的矛盾,这种矛盾可以在新的数学规范中得到解决。数学中有许多著名的悖论,伽利略悖论、贝克莱悖论外,还有康托尔最大基数悖论、布拉里——福蒂最大序数悖论、理查德悖论、基础集合悖论、希帕索斯悖论等。数学史上的三次危机都是由数学悖论引起的。

二、悖论的历史——说谎还有历史

古希腊时代,约公元前6世纪,克利特哲学家埃庇米尼得斯(Epimenides)说了一句很有名的话:"所有克利特人都说谎。"

这句话有名是因为它没有真假。因为如果埃庇米尼得斯所言为真,但这跟先前假设此言为真相矛盾;又假设此言为假,那么也就是说所有克利特人都不说谎,自己也是克利特人的埃庇米尼得斯就不是在说谎,就是说这句话是真的,但如果这句话是真的,又会产生矛盾。因此这句话是没有解释的。

埃庇米尼得斯发现的"说谎者悖论"可以算作人们最早发现的悖论。

公元前4世纪的欧布里德(Eubulides)将其修改为"强化了的说谎者悖论"。在此基础上,人们构造了一个与之等价的"永恒的说谎者悖论"。埃利亚学派的代表人物芝诺(Zeno)提出有关运动的四个悖论(二分法悖论、阿基里斯追龟悖论、飞矢不动悖论与运动场悖论)尤为著名,至今仍余波未息。

在近代,著名的悖论有伽利略悖论、贝克莱悖论、康德的二律背反、集合论悖论等。在现代,则有光速悖论、双生子佯谬、EPR悖论、整体性悖论等。这些悖论从逻辑上看都是一些思维矛盾,从认识论上看则是客观矛盾在思维上的反映。

尽管悖论的历史如此悠久,但直到本世纪初,人们才真正开始专门研究悖论的本质。在此之前,悖论只能引起人们的惊恐与不安;此后,人们才逐渐认识到悖论也有其积极作用。特别是20世纪六七十年代以来,出现了研究悖论的热潮。

三、古代中国数学悖论——名家演绎悖论

1. 惠施的数学悖论

惠子(前390—前317)(图5-1),姓惠,名施,战国中期宋国商丘(今河南商丘)人,著名的政治家、哲学家。他是名家学派的开山鼻祖和主要代表人物,也是文哲大师庄子的至交好友。

惠施曾说过:"日方中方睨,物方生方死",意思是说太阳刚升到正中,同时就开始西斜了;动物生下来,同时又走向死亡了。升与降,生与死,同时出现在同一事物的同一时刻,这难道不是一种悖论吗?他又曾说过,"一尺之棰,日取其半,万世不竭",这是讲一尺之杖,今天取其一半,明天取其一半的一半,后天再取其一半的一半的一半,永远都不会取完。一个有限的物体,却能无限地分割下去,这当然也是一种自相矛盾的说法。

图5-1 惠施像

2. 老子的数学悖论

老子(图5-2),姓李,名耳,字聃,一字或曰谥伯阳,华夏族,出生于周朝春秋时期楚国苦县,约出生于公元前571年,逝世于公元前471年。老子是中国古代伟大的思想家、哲学家、文学家和史学家,道家学派

创始人和主要代表人物,被唐朝帝王追认为李姓始祖。老子乃世界文化名人,世界百位历史名人之一,今存世有《道德经》(又称《老子》),其作品的核心精华是朴素的辩证法,主张无为而治。

说起老子,大家可能最想问的一个问题是:老子的道究竟是物质实体抑或是精神实体。"道可道,非常道。名可名,非常名。"但同时他又说,"吾不知其名,字之曰道,强为之名曰大。"这看起来像是辩证关系,但其实它自身就存在着矛盾关系。再看这句,"是谓无状之状,无象之象"与"惚兮恍兮,其中有象;恍兮惚兮,其中有物"。那到底是"可名"还是"不可名","有象"还是"无象"呢?也许只有老子自己能解释清楚了。

图 5-2 老子像

3. 庄子的数学悖论

庄子(约前369—前286)(图5-3),庄氏,名周,字子休(一说子沐)。宋国蒙人,先祖是宋国君主宋戴公。他是东周战国中期著名的思想家、哲学家和文学家。他创立了华夏重要的哲学学派庄学,是继老子之后,战国时期道家学派的代表人物,是道家学派的主要代表人物之一。

《庄子》中有这样一句话,"吾生也有涯,而知也无涯。以有涯随无涯,殆已。"它的大概意思是这样的,人的生命是有限的,而知识是无穷的,以有限的生命去追求无穷的知识,徒劳而已。很有哲理性的一句话,这算是较早时期提出的有限与无限的概念了。

图 5-3 庄子像

(四)、神奇的悖论图形论——别被自己的眼睛所欺骗

路透斯沃德的不可能的三角形(图5-4):这是瑞典艺术家奥斯卡·路透斯沃德创作的一个有趣的、不可能存在的三角形。

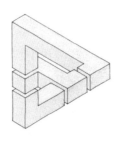

图 5-4 路透斯沃德三角形

不可能的楼梯(图5-5):走一走这个奇怪的楼梯,会发生什么? 最低一级和最高一级台阶分别在哪儿?

图 5-5 不可能的楼梯

不可能的曲折(图5-6):沿着这个曲折图形走一遍,你会发现这根本不可能。

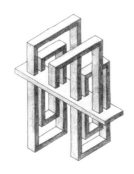

图5-6 不可能的曲折

疯狂的螺帽(图5-7):你知道直钢棒是怎样神奇地穿过这两个看似乎成直角的螺帽的。

图5-7 疯狂的螺帽

曲折的悖论(图5-8):这是一个奇妙的不可能成立的曲折体,由匈牙利艺术家托马斯·伐克期创作。

图5-8 曲折的悖论

折叠的棋盘(图5-9):你从上面还是从下面看到棋盘呢?

图5-9 折叠的棋盘

人类居住环境(图5-10):树在屋里还是屋外?

图5-10 人类居住环境

佛兰德斯冬日的忧伤曲调(图5-11):佛兰德斯艺术家约瑟·德·梅抓住了这个不可思议的冬日场景。试想左边的柱子怎么会靠前呢?

图5-11 佛兰德斯冬日的忧伤曲调

他为这些鹦鹉创造了一个不可能存在的鸟笼(图5-12)。

图5-12 不可能存在的鸟笼

(五) 数学悖论引起的三次数学危机——悖论的后果很严重

1. 第一次数学危机

毕达哥拉斯学派主张"数"是万物的本原、始基,而宇宙中一切现象都可归结为整数或整数之比,人们仅认识到自然数和有理数,有理数理论成为占统治地位的数学规范。公元前5世纪,毕达哥拉斯学派的成员希帕索斯(Hippasus)发现:等腰直角三角形斜边与一直角边是不可公度的,它们的比不能归结为整数或整数之比。这一发现不仅严重触犯了毕达哥拉斯学派的信条,同时也冲击了当时希腊人的普遍见解,因此在当时它就直接导致了认识上的"危机"。希帕索斯的这一发现,史称"希帕索斯悖论",从而引发了数学史上的第一次危机。同时,推动了亚里士多德的逻辑体系和欧几里德几何体系的建立。

2. 第二次数学危机

牛顿(Newton)在1671年写的《流数术与无穷级数》中提出了中心问题:已知连续运动的路径,求给定时刻的速度(微分法);已知运动的速度求给定时间内经过的路程(积分法)。1686年,德国的莱布尼茨(Leibniz)创设了微积分符号,远远优于牛顿的符号,并推动微分学的发展。英国大主教贝克莱(Berkeley)在1734年发表了《分析学者,或致一个不信教的数学家》。其中审查现代分析的对象、原则与推断是否比之宗教的神秘与教条,构思更为清楚,说牛顿先认为无穷小量不是零,然后又让它等于零,这违背了背反律,并且所得到的流数实际上是0/0,是"依靠双重错误得到了虽然不科学却是正确的结果",因为错误互相抵偿的缘故,这称为"贝克莱悖论",并导致了数学史上的第二次危机。

3. 第二次数学危机

第三次数学危机

经过两次数学危机,人们把数学基础理论的无矛盾性,归结为集合论的无矛盾性,集合论成为整个现代数学的逻辑基础。但随后英国著名数理逻辑学家和哲学家罗素(图5-13)宣布了一条惊人的消息:集合论是自相矛盾的,并不存在什么绝对的严密性!史称"罗素悖论"。1918年,罗素把这个悖论通俗化,称为理发师悖论。这在数学和逻辑学界引起了一场轩然大波,形成了数学史上的第三次危机。

图5-13 罗素像

小结：历史上三次数学危机的爆发，都是由数学悖论而产生的。可见数学悖论在数学史上的发展与数学文化的建设方面都有着无可替代的作用，正是一个个无法解释的数学悖论的产生，引发了一大批数学家与哲学家的思考，推动了数学的发展。

六、悖论与数学悖论——注意区别

1. 价值悖论

作为生活必需品的水价值很低，奢侈品如钻石的价值却很高，但为什么水的价值比钻石的价值低？

价值悖论（也叫钻石与水悖论）就是一类典型的自相矛盾的例子，尽管在维持生存的价值上水要高出钻石，但是市场价水却不如钻石。我们来试着解释一下这个悖论，当消费量较小时，两者相比，水的边际效用要大于钻石，因此两者都缺少的时候，水的价值就更高了。事实上，现在我们对水的消费量往往都比较大，钻石的消费量却远没有那么大。我们可以天天喝水喝到吐，却不能天天买钻石。所以，大量水的边际效用小于少量钻石的边际效用。

按照边际效用学派的解释，比较钻石和水的价值并不是比较两者的总价值，而是比较单位价值。尽管水的总体价值对于人类来说是再大也不为过，毕竟水是生存必需品，水的边际效用也就处在相对较低水平。另一方面，急需用水的领域一旦被满足，水就被用作不那么紧急的用途，边际效用因此递减。

所以，水的总量增加，水的总体价值就减少。钻石的情况就不同了，不管地球上到底有多少钻石，市场上的钻石始终是少量，一颗钻石的用途比一杯水的大得多得多。所以钻石对于人更有价值。钻石的价格远高于水，消费者愿意，商人也乐意，一个愿打一个愿挨。

2. 祖父悖论

如果你乘坐时光机回到你祖父祖母相遇之前，并杀死你的祖父，会发生什么？

关于时间旅行最有名的悖论是科幻小说作家赫内·巴赫札维勒1943年的小说《不小心的旅行者》（Future Times Three）中提出的。悖论内容如下：时间旅行者回到自己祖父祖母结婚之前的时空，时间旅行者在该时空杀死了自己的祖父，也就是说，时间旅行者自身从未降生过；但是，如果时间旅行者从未降生，也就不能穿越时空回到以前杀死自己的祖父，如此往复。

我们假设时间旅行者的过去和现在存在因果联系，那么扰乱这种因果关系的祖父悖论看上去似乎是不可能实现的。但是，有许多假说绕开了这种悖论，比如有人说过去无法改变，祖父一定已经在孙子的谋杀中幸存下来（如前所说）；还有种可能是时间旅行者开启或者进入了另一条时间线或者平行宇宙什么的，而在这个世界，时间旅行者从未诞生过。

祖父悖论的另一个版本是希特勒悖论，或者说是谋杀希特勒悖论，这个想法被许多科幻小说运用，主人公回到了"二战"前，杀死了希特勒，成功阻止了"二战"的爆发。矛盾之处在于，如果没有发生"二战"，为什么我们要回到"二战"前刺杀希特勒，时间旅行本身就消除了旅行的目的，所以时间旅行本身就在质疑自身存在的理由。

3. 忒修斯之船悖论

一艘船的所有零件都换成新的后,还是同一条船么?

忒修斯之船悖论提出了一个问题,当一个整体的所有组成部分都被替换,那么这个整体还是原来的整体么?

古人没有讨论出答案。有些人说:"船还是原来的船。"但也有人说:"船已不是当初的船了。"

基于这个理论,人体的细胞每过七年就会更新一次。也就是说,每过七年,你在镜子里看到的自己都不是七年前的自己。

4. 伽利略悖论

不是所有的数都是平方数,所有数的集合不会超过平方数的集合。

伽利略悖论让人见识了无限集合的惊人特性。在他最后的科学著作《关于两门新科学的对话》里,伽利略(Galileo Galilei)写出了这个关于正整数的矛盾陈述。

首先,部分数属于平方数,其他则不是;因此,所有数,包含平方数和非平方数的集合必定大于单独的平方数。然而,对于每个平方数有且只有一个对应的正数平方根,切对于每个数都必定有一个确定的平方数;所以,数和平方数某一方不可能更多。这个悖论虽然不是最早但也是早在无限集合中运用——对应的例子。伽利略在书中总结说,少、相等和多只能描述有限集合,却不能描述无限集合。

19世纪德国数学家格奥尔格·康托尔(Georg Cantor),也是数集理论的开创者,他使用了相同的手法否定了伽利略这条限制条件的必要性。康托尔认为在无限数集中进行有意义的比较是可行的(康托尔认为数,和平方数这两个集合的大小是相等的),在这种定义下,某些无限集合肯定是比另一些无限集合大。伽利略对后继者在无穷数上的预测惊人地准确,伽利略在书中写道:"一条线段内所有点的数目和比此更长的线段上点的数目相等。"但是伽利略没有想出康托尔的证明法,即线段上所有点的数集比整数集大。

5. 节约悖论

假设经济衰退,全社会所有人都选择把钱存进银行,社会总需求因此下降,社会总资产反而更少。

节约悖论是指在经济萧条时期所有人都把钱存进银行,社会总需求会下降,反过来全社会的消费水平下降、经济增速减缓,全社会的资产总数也就下滑。悖论认为个人资产增值的同时,全社会资产反而减少,或者再放开了说,储蓄额的增加在荼毒经济,因为传统认为个人储蓄有益社会,但是节约悖论认为大规模的储蓄会对经济造成伤害。如果所有人都把钱存进银行,账面上个人的资产会增值,但是全社会总体的宏观经济趋势会下降。

6. 匹诺曹悖论

如果匹诺曹说:"我的鼻子马上会变长。"结果会怎样?

当匹诺曹说:"我的鼻子马上会变长"。匹诺曹悖论属于谎言悖论的一种。

谎言悖论是一种哲学和逻辑悖论,就像"这句话是假的"。认为这句话是真的或是假的都会导致矛盾或者悖论的形成。因为如果这句话是真的,按照字面意思这句话就是假的;如果这句话是假的,按照字面意思,也就是说这句话其实是真的。

匹诺曹悖论不同于传统谎言悖论的地方在于,悖论本身没有做出语义上的预测,例如"我的句子是假的。"

匹诺曹悖论和匹诺曹本身没有关系,如果匹诺曹说"我生病了",这句话是可以判定真伪的,但是匹诺曹说的是"我的鼻子马上会变长",就无法判定真伪,我们无法得知匹诺曹的鼻子到底会不会变长。

7. 理发师悖论

小城里的理发师放出豪言:"我只帮城里所有不自己刮脸的人刮脸。"那谁来给他刮脸?

假设你路过一家理发店,标语上写着:"你给自己刮脸么? 如果不是,请允许小店帮您刮脸! 我只帮城里所有不自己刮脸的人刮脸,其他人一概不刮。"这个简单的介绍足够让你走进这家理发店了,但是接下来你发现了问题——理发师给自己刮脸么? 如果他给自己刮脸,那么他就违反了只帮不自己刮脸的人刮脸的承诺;如果他不给自己刮脸,那么他又必须给自己刮脸,因为他的承诺说他只帮所有不自己刮脸的人刮脸。两种假设都导致这句话说不通。

理发师悖论由罗素教授于20世纪初提出。悖论的发表带来的巨大难题,改变了整个20世纪数学界的研究方向。

理发师悖论中,条件规定"帮自己刮脸",但只帮自己刮脸的男人的集合无法建立,即使这个条件非常简单,但是无法确定理发师应不应该在这个集合内。所以两种条件都会导致矛盾。

理发师悖论的一种解决思路:换成女理发师。

8. 生日问题

生日问题提出了一种可能性:随机挑选一组人,其中会有两人同天生日。用抽屉原理来计算,只要人群样本数达到367,存在两人同天生日的可能性就能达到100%(一年可能有366天,包括2月29日)。然而,如果只是达到99%的概率,只需要57个人;达到50%只需要23个人。这种结论的前提是一年中每天(除去2月29日)生日的概率相等。

9. 鸡与蛋悖论

到底是先有鸡还是先有蛋? 如图5-14所示。

鸡还是蛋这个两难的因果难题可以简述为:"先有鸡还是先有蛋?"鸡与蛋悖论也启发了古代哲人对先有生命还是先有宇宙这一系列问题的思考。

传统的文化认为鸡蛋悖论是一种循环因果悖论,要找出某个最初成因毫无意义。人们认为解决鸡蛋悖论的方法恰恰是这个问题最本质的核心所在。一方认为卵生动物在鸡出现前很早就已经存在了,所以是先有蛋;另一方则认为先有鸡,他们认为现在人们所说的鸡不过是驯养的红原鸡的后代。然而,含糊的观点也造成了这个难题含糊的背景。要理解这个问题的隐喻含义,我们可以将问题理解成"x 得到了 y,y 得到了 x,那么是先有 x 还是先有 y?"。地球形成数亿年后,鸡这个物种出现了,鸡又生下了蛋。如果是蛋先出现,那么是什么来坐在上面孵它呢,又是什么来喂养幼年的小鸡呢?

图 5-14 到底是先有鸡还是先有蛋

10. 失踪的正方形

为什么正方形会无故消失？如图 5-15 所示。

失踪的正方形谜题是一种用于数学课的视错觉,有助于学生对几何图形的思考。两张图都用到了一些相似的形状,只不过位置稍有不同。

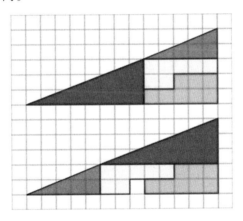

图 5-15 失踪的正方形

解开谜题的关键在于图中的"三角形"并非三角形,所有三角形的一条斜边都是弯曲的。这些三角形的斜边看上去似乎是条直线,但实际上并不是。所以第一个图形实际上占了 32 个格子。第二个图形占了 33 个格子,包括"失踪"的正方形在内。注意在蓝色红色斜边交界处的网格点,如果将它与另一张图的对应交界点比较,边缘稍稍溢出或者低于格点。来自两张图重叠后溢出的斜边导致一个非常细微的平行四边形,占据了刚好一格大小的面积,恰恰是第二张图"消失"的区域。

◆ **课外链接**

1. 设计悖论

根据本章所学,自行设计一个悖论,注意明确悖论的正反论点及矛盾点,并进行小组间的实际验证。

2. 进行一次悖论辩论赛

(1)目的

本次辩论赛作为本次选修课的期末评测方式之一,成绩计入个人期末成绩,占10%,以辩论赛的发言次数和质量度进行综合打分。

(2)成绩计分方式

① 班级分成两个部分,正反双方,每组各选出一名选手作为辩论赛的主要辩手(一辩、二辩、三辩),其余同学自动成为本方自由辩手,可在自由辩论期间发言,获得成绩。

② 主要辩手的成绩起评分为5分,上限为满分10分,浮动分数5分。赛后由班级投票决定具体分数,如果获胜方,则起评分提高2分,最佳辩手直接10分。

③ 自由辩手起评分3分(以发言为准),发言次数可以进行加分,一次1分;发言质量决定加分情况,以论据充分和逻辑清晰作为标准给分(赛后评定)。

④ 其余同学,起评分都为1分,如果本方获胜,则加1分。

⑤ 其他:为辩手提供理论依据,支持辩论赛者,可以适当进行加分。

(3)辩论赛的主题

可按照教材内容,选择第五章悖论中的论点,也可以课外查找,这里提供几个主题供选择:"忒修斯之船悖论""祖父——穿越时间悖论""价值悖论";或者课外寻找学生感兴趣的主题:"爱情取决于先天还是后天的努力""开卷有益?""逆境对于成长的利弊"等等。

(4)成绩评价(如表5-1)

表5-1 成绩评价表

成员	起评分	发言次数	质量(论据、逻辑性)	获胜与否	最佳辩手	合计
主要辩手	5					
自由辩手	3					
其余辩手	1					

第六章　对弈之美——人生如棋,世事如棋

想一想

假如你正跟朋友用手机通电话,突然信号断了。这时,你会立即拨电话过去,还是等你的朋友拨电话过来?

"拨"还是"等"?

显然,你是否应拨电话过去,取决于你的朋友是否会拨过来。如果你们其中一方要拨,那么另一方最好是等待;如果一方等待,那么另一方就最好是拨过去。因为如果双方都拨,那么就会出现线路忙;如果双方都等待,那么时间就会在等待中流逝。

这就是博弈!

一、博弈论简介——博弈亦是一种"下棋"

博弈论(Game Theory),又名对策论、游戏论,是研究相互依赖、相互影响的决策主体的理性决策行为,以及这些决策的均衡结果的理论。博弈论试图研究既存在冲突又存在合作的情况下人们的决策行为。博弈是一种势态,在该势态中,两个或更多的参与人都在追求他们各自的利益,没有人能够支配结果。博弈的过程就是一个策略上的相互作用的过程,这使得任何一方的行为都必须考虑到对方可能做出的反应。

二、博弈论的产生和发展——从兵法说起的学科

博弈论思想古已有之。我国古代的《孙子兵法》不仅是一部军事著作,而且算是最早的一部博弈论专著。博弈论最初主要研究象棋、桥牌、赌博中的胜负问题,人们对博弈局势的把握只停留在经验上,没有向理论化发展,正式发展成一门学科则是在20世纪初。

对于博弈论的研究,开始于策墨洛(Zermelo)、博雷尔(Borel)及冯·诺伊曼(von Neumann),后来由冯·诺伊曼和奥斯卡·摩根斯坦(Oskar Morgenstern)首次对其系统化和形式化。随后约翰·福布斯·纳什(John Forbes Nash Jr)利用不动点定理证明了均衡点的存在,为博弈论的一般化奠定了坚实的基础。今天博弈论已发展成一门较完善的学科。

由于博弈论重视经济主体之间的相互联系及其辩证关系,大大拓宽了传统经济学的分析思路,使其更加接近现实市场竞争,从而成为现代微观经济学的重要基石,也为现代宏观经济学的发展提供了更加坚实的微观基础。

1. 博弈在中国

《学弈》(《孟子·告子》):"弈秋,通国之善弈者也。使弈秋诲二人弈,其一人专心致志,惟弈秋之为听;一人虽听之,一心以为有鸿鹄将至,思援弓缴而射之。虽与之俱学,弗若之矣。为是其智弗若与?曰:非然也。"

博弈,又称博戏,是一门古老的游戏。《世本》说,"乌曹作博",乌曹乃是夏代著名之能工巧匠。千百年来,博弈更是与人们的生活紧紧相连,从博棋到牌戏,从斗戏到彩票,中华民族的历史长河中就这样形成了别具风情的博弈文化。

2. 博弈论的开山之作

1943年,冯·诺依曼和摩根斯坦发表《博弈论和经济行为》的一书,标志着博弈论作为一门独立科学的开始,也标志着新古典经济学进入了一个新的发展阶段。

3. 诺贝尔奖与博弈论

1994年度的诺贝尔经济学奖授予三位从事对策论研究的经济学家:纳什、海萨尼(Jojnc·harsanyi)、泽尔腾(Reiehard Selten)。在博弈论的演进过程中,以纳什、海萨尼、泽尔腾为代表的经济学家/数学家阐述了博弈论这门学科,对博弈论的发展做出了重要贡献。

1996年诺贝尔经济学奖得主:詹姆斯·莫里斯。主要贡献:不对称信息条件下的激励理论。

2001年诺贝尔经济学奖得主:迈克尔·斯宾塞。在不对称信息市场分析方面做出了开创性研究。

2005年诺贝尔经济学奖授予有以色列和美国双重国籍的罗伯特·奥曼(Robert Aumann)和美国人托马斯·谢林(Thomasc Schelling),以表彰他们通过博弈理论的分析增强世人对合作与冲突的理解。托马斯·谢林独辟蹊径,开创了非数学博弈理论这一新的领域,进行了更加接近现实观察的分析。

(三)纳什均衡——此纳什不是打篮球的纳什

1. 纳什简介

约翰·福布斯·纳什,1928年6月13日—2015年5月23日,著名经济学家、博弈论创始人,主要研究博弈论、微分几何学和偏微分方程。由于他与另外两位数学家做出了开创性的贡献,对博弈论和经济学产生了重大影响,获得1994年诺贝尔经济学奖。当地时间2015年5月23日,约翰·福布斯·纳什与妻子在美国新泽西州遭遇车祸逝世,享年86岁。

2. 纳什均衡定理

纳什均衡是指博弈中这样的局面,对于每个参与者来说,只要其他人不改变策略,他就无法改善自己的状况。纳什证明了在每个参与者都只有有限种策略选择并允许混合策略的前提下,纳什均衡定存在。以两家公司的价格大战为例,价格大战存在着两败俱伤的可能。在对方不改变价格的条件下既不能提价,否则会进一步丧失市场;也不能降价,因为会出现赔本甩卖。于是两家公司可以改变原先的利益格局,通过谈判寻求新的利益评估分摊方案。相互作用的经济主体假定其他主体所选择的战略为既定时,选择自己的最优战略的状态,也就是纳什均衡。纳什均衡在博弈论中一个著名的例子就是囚徒困境。

③ 纳什均衡的重要影响

(1)改变了经济学的体系和结构。

非合作博弈论的概念、内容、模型和分析工具等,均已渗透到微观经济学、宏观经济学、劳动经济学、国际经济学、环境经济学等经济学科的绝大部分学科领域,改变了这些学科领域的内容和结构,成为这些学科领域的基本研究范式和理论分析工具,从而改变了原有经济学理论体系中各分支学科的内涵。

(2)扩展了经济学研究经济问题的范围。

原有经济学缺乏将不确定性因素、变动环境因素以及经济个体之间的交互作用模式化的有效办法,因而不能进行微观层次经济问题的解剖分析。纳什均衡及相关模型分析方法,包括扩展型博弈法、逆推归纳法、子博弈完美纳什均衡等概念方法,为经济学家们提供了深入的分析工具。

(3)加强了经济学研究的深度。

纳什均衡理论不回避经济个体之间直接的交互作用,不满足于对经济个体之间复杂经济关系的简单化处理,分析问题时不只停留在宏观层面上,而是深入分析表象背后深层次的原因和规律,强调从微观个体行为规律的角度发现问题的根源,因而可以更深刻、准确地理解和解释经济问题。

(4)形成了基于经典博弈的研究范式体系。

即可以将各种问题或经济关系,按照经典博弈的类型或特征进行分类,并根据相应的经典博弈的分析方法和模型进行研究,将一个领域所取得的经验方便地移植到另一个领域。

(5)扩大和加强了经济学与其他社会科学、自然科学的联系。

纳什均衡之所以伟大,就因为普通,而且普通到几乎无处不在。纳什均衡理论既适用于人类的行为规律,也适合于人类以外的其他生物的生存、运动和发展的规律。纳什均衡和博弈论的桥梁作用,使经济学与其他社会科学、自然科学的联系更加紧密,形成了经济学与其他学科相互促进的良性循环。

(6)改变了经济学的语言和表达方法。

在进化博弈论方面相当有造诣的坎多利(Kandori)对保罗·萨缪尔森(Paul Samuelson)的名言"你甚至可以使一只鹦鹉变成一个训练有素的经济学家,因为它必须学习的只有两个词,那就是'供给'和'需求'"曾做过一个幽默的引申,他说,"现在这只鹦鹉需要再学两个词,那就是'纳什''均衡'"。

(四)、博弈模型——学好模型,便可以运用模型

① 模型一 猎鹿博弈

古代的村庄有两个猎人,当地的猎物主要有两种:鹿和兔子。如果一个猎人单兵作战,一天最多只能打到4只兔子。只有两个人一起去才能猎获一只鹿。从填饱肚子的角度来说,4只兔子能保证一个人4天不挨饿,而一只鹿却能让两个人吃上10天。这样两个人的行为决策可以形成两个博弈结局:分别打兔

子,每人得4;合作,每人得10。这样猎鹿博弈有两个纳什均衡点,那就是:要么分别打兔子,每人吃饱4天;要么合作,每人吃饱10天。

这里不妨假设两个猎人叫 A 和 B。我们引入一种矩阵式的对两人博弈的描述方法,如图6-1所示。

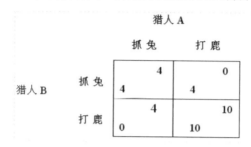

图 6-1 猎鹿博弈

在这个矩阵图中,每一个格子都代表一种博弈的结果。具体说来,在左上角的格子表示,猎人 A 和 B 都抓兔子,结果是猎人 A 和 B 都能吃饱4天;在左下角的格子表示,猎人 A 抓兔子,猎人 B 打鹿,结果是猎人 A 可以吃饱4天,B 则一无所获;在右上角,猎人 A 打鹿,猎人 B 抓兔子,结果是猎人 A 一无所获,猎人 B 可以吃饱4天;在右下角,猎人 A 和 B 合作抓捕鹿,结果是两人平分猎物,都可以吃饱10天。

显然,两个人合作猎鹿的好处比各自打兔子的好处要大得多,但是要求两个猎人的能力和贡献相等。如果一个猎人的能力强、贡献大,他就会要求得到较大的一份,这可能会让另一个猎人觉得利益受损而不愿意合作。"合则双赢"的道理大家都懂,在实际中很难合作的原因就在于此。合作要求博弈双方学会与对手共赢,充分照顾到合作者的利益。

2. 模型二 海盗博弈

有五个非常聪明理性的海盗,分别编号 P_1, P_2, P_3, P_4, P_5。他们一同抢夺了100个金币,现在需要想办法分配这些金币。海盗们有严格的等级制度:$P_1 < P_2 < P_3 < P_4 < P_5$。

海盗们分配原则是:等级最高的海盗 P_5 提出一种分配方案。然后所有的海盗投票决定是否接受分配,包括提议人。并且在票数相同的情况下,提议人有决定权。如果提议通过,那么海盗们按照提议分配金币。如果没有通过,那么提议人将被扔出船外,然后由下一个最高等级的海盗提出新的分配方案。海盗们基于三个因素来做决定:首先,要能存活下来。其次,自己的利益最大化(即得到最多的金币)。最后,在所有其他条件相同的情况下,优先选择把别人扔出船外。

现在,假如你是等级最高的 P_5,你会做何选择? 直觉上,为了保住自己的生命,你可能会选择留给自己很少的金币,以便让大家同意自己的决策。然而,这和理论结果相差甚远。

解决这个问题的关键是换个思维方向。与其苦思冥想你要做什么决策,不如先想想最后剩下的人会做什么决策。假设现在只剩下 P_1 和 P_2 了,P_2 会做什么决策? 很明显,他将把100金币留给自己,然后投自己一票。由于在票数相同的情况下提议人有决定权,无论 P_1 同不同意,P_2 都将实现自己的目的。

现在再把 P_3 加进来。P_1 知道,如果 P_3 被扔下海,那么游戏又将进行到上面的情况,P_1 终将一无所有。P_3 同样看到了这一点,所以他知道,只要他给 P_1 一点点利益,P_1 就会投票支持他的决策。所以 P_3 最终的决策应该是:

$(P_3,P_2,P_1)\rightarrow(99,0,1)$

P_4的策略也类似。由于他需要50％的支持，所以他只需贿赂1个金币给P_2就可以了。P_2一定会支持他（否则轮到P_3做决策，他就一无所有啦）。所以P_4最终的决策是：

$(P_4,P_3,P_2,P_1)\rightarrow(99,0,1,0)$

P_5的情况稍有不同。由于这次一共有5个人，所以他至少需要贿赂两个海盗，以使自己的决议通过。所以唯一的决策就是：

$(P_5,P_4,P_3,P_2,P_1)\rightarrow(98,0,1,0,1)$

3. 模型三 囚徒困境

1950年，由就职于兰德公司的梅里尔·弗拉德（Merrill Flood）和梅尔文·德雷希尔（Melvin Dresher）拟定出相关困境的理论，后来由顾问阿尔伯特·塔克（Albert Tucker）以囚徒方式阐述，并命名为"囚徒困境"。经典的囚徒困境如下：

警方逮捕甲、乙两名嫌疑犯，但没有足够证据指控两人入罪。于是警方分开囚禁嫌疑犯，分别和两人见面，并向双方提供以下相同的选择。

若一人认罪并作证检举对方（相关术语称"背叛"对方），而对方保持沉默，此人将即时获释，沉默者将判监10年。

若两人都保持沉默（相关术语称互相"合作"），则两人同样判监半年。

若两人都互相检举（互相"背叛"），则两人同样判监2年。

用表格（表6-1）概述如下。

表6-1 囚徒困境分析

	甲沉默（合作）	甲认罪（背叛）
乙沉默（合作）	两人同服刑半年	甲即时获释；乙服刑10年
乙认罪（背叛）	甲服刑10年；乙即时获释	两人同服刑2年

囚徒到底应该选择哪一项策略，才能将自己个人的刑期缩至最短？两名囚徒由于隔绝监禁，并不知道对方选择；而即使他们能交谈，还是未必能够尽信对方不会反口。

对于两个囚徒总体而言，他们设想的最好的策略可能是都保持沉默。但任何一个囚徒在选择沉默的策略时，都要冒很大的风险，一旦自己沉默而另一囚徒背叛了，自己就将可能处于非常不利的境地。就个人的理性选择而言，检举背叛对方所得刑期，总比沉默要来得低。试设想困境中两名理性囚徒会如何做出选择：

若对方沉默、背叛会让我获释，所以我会选择背叛。

若对方背叛指控我，我也要指控对方才能得到较低的刑期，所以也是会选择背叛。

两人面对的情况一样，所以两人的理性思考都会得出相同的结论——选择背叛。背叛是两种策略之中的支配性策略。因此，这场博弈中唯一可能达到的纳什均衡，就是双方参与者都背叛对方，结果两人同样服刑2年。

4. 模型四 枪手博弈

彼此痛恨的甲、乙、丙三个枪手准备决斗。甲枪法最好,十发八中;乙枪法次之,十发六中;丙枪法最差,十发四中。如果三人同时开枪,并且每人只发一枪;第一轮枪战后,谁活下来的机会大一些?

一般人认为甲的枪法好,活下来的可能性大一些。但合乎推理的结论是,枪法最糟糕的丙活下来的几率最大。

我们来分析一下各个枪手的策略。

枪手甲一定要对枪手乙先开枪。因为乙对甲的威胁要比丙对甲的威胁更大,甲应该首先干掉乙,这是甲的最佳策略。

同样的道理,枪手乙的最佳策略是第一枪瞄准甲。乙一旦将甲干掉,乙和丙进行对决,乙胜算的概率自然大很多。

枪手丙的最佳策略也是先对甲开枪。乙的枪法毕竟比甲差一些,丙先把甲干掉再与乙进行对决,丙的存活概率还是要高一些。

我们计算一下三个枪手在上述情况下第一轮枪战中的存活几率:

甲:24%(被乙、丙合射40%×60%=24%)

乙:20%(被甲射100%-80%=20%)

丙:100%(无人射丙)

第二轮枪战中甲、乙、丙存活的几率粗算如下:

(1)假设甲、丙对决:甲的存活率为60%,丙的存活率为20%。

(2)假设乙、丙对决:乙的存活率为60%,丙的存活率为40%。

第一轮:

甲射乙,乙射甲,丙射甲。

甲的活率为24%(40%×60%),乙的活率为20%(100%-80%),丙的活率为100%(无人射丙)。

第二轮:

情况1:甲活乙死(24%×80%=19.2%)

甲射丙,丙射甲——甲的活率为60%,丙的活率为20%。

情况2:乙活甲死(20%×76%=15.2%)

乙射丙,丙射乙——乙的活率为60%,丙的活率为40%。

情况3:甲、乙皆活(24%×20%=4.8%)

重复第一轮。

情况4:甲、乙皆死(76%×80%=60.8%)

枪战结束。

甲的活率为12.672%[(19.2%×60%)+(4.8%×24%)=12.672%]

乙的活率为10.08%[(15.2%×60%)+(4.8%×20%)=10.08%]

丙的活率为75.52%[(19.2%×20%)+(15.2%×40%)+(4.8%×100%)+(60.8%×100%)=75.52%]

通过对两轮枪战的详细概率计算,我们仍然发现枪法最差的丙存活的几率最大,枪法较好的甲和乙的存活几率仍远低于丙的存活几率。

五、博弈论的意义——世世如棋局局新

博弈论的研究方法和其他许多利用数学工具研究社会经济现象的学科一样,都是从复杂的现象中抽象出基本的元素,对这些元素构成的数学模型进行分析,而后逐步引入对其形势产生影响的其他因素,从而分析其结果。

世事如棋,生活中每个人如同棋手,其每一个行为如同在一张看不见的棋盘上布一个子,精明慎重的棋手们相互揣摩、相互牵制,人人争赢,下出诸多精彩纷呈、变化多端的棋局。博弈论是研究棋手们“出棋”着数中理性化、逻辑化的部分,并将其系统化为一门科学。换句话说,就是研究个体如何在错综复杂的相互影响中得出最合理的策略。事实上,博弈论正是衍生于古老的游戏,如象棋、扑克等。数学家们将具体的问题抽象化,通过建立自完备的逻辑框架、体系研究其规律及变化。这可不是件容易的事情,以最简单的二人对弈为例,稍想一下便知此中大有玄妙:若假设双方都精确地记得自己和对手的每一步棋、且都是最“理性”的棋手,甲出子的时候,为了赢棋,得仔细考虑乙的想法,而乙出子时也得考虑甲的想法,所以甲还得想到乙在想他的想法,乙当然也知道甲想到了他在想甲的想法……

博弈就类似于人生游戏一样,博弈论的生活价值就在于用博弈的方式获得双赢,但有时成功是来自于对手,我们可以通过用博弈论的方式找到答案。博弈论的意图在于奇妙的战略,而不是解法。学习博弈论的意图,不是为了享用博弈剖析的进程,而在于赢得非常好的结局。博弈的思维已然来自现实生活,但我们能够使用数学工具来表述,这样的数学方式高度抽象化,同时也能够用平时案例来阐明,并运用到生活中去,而运用到生活中去也使我们学会更好的为人处事的方法。

◆课外链接

零和博弈论

1. 零和游戏

零和博弈,又称零和游戏,与非零和博弈相对,是博弈论的一个概念,属非合作博弈,是指参与博弈的各方,在严格竞争下,一方的收益必然意味着另一方的损失,博弈各方的收益和损失相加总和永远为“零”,双方不存在合作的可能。也可以说,自己的幸福是建立在他人的痛苦之上的,二者的大小完全相等,因而双方都想尽一切办法以实现“损人利己”。零和博弈的结果是一方吃掉另一方,一方的所得正是另一方的所失,整个社会的利益并不会因此而增加一分。

零和游戏,又被称为游戏理论或零和博弈,源于博弈论,是指一项游戏中,游戏者有输有赢,一方所赢正是另一方所输,而游戏的总成绩永远为零。早在2000多年前这种零和游戏就广泛用于有赢家必有输家的竞争与对抗。“零和游戏规则”越来越受到重视,因为人类社会中有许多与“零和游戏”相类似的局面。

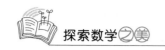

与"零和"对应,"双赢"的基本理论就是"利己"不"损人",通过谈判、合作达到皆大欢喜的结果。

2. 产生背景

零和游戏之所以广受关注,主要是因为人们发现社会的方方面面都能发现与"零和博弈""零和游戏"类似的局面,胜利者的光荣后往往隐藏着失败者的辛酸和苦涩。从个人到国家,从政治到经济,似乎无不验证了世界正是一个巨大的零和游戏场。这种理论认为,世界是一个封闭的系统,财富、资源、机遇都是有限的,个别人、个别地区和个别国家财富的增加,必然意味着对其他人、其他地区和国家的掠夺,这是一个邪恶进化论式的弱肉强食的世界。我们大肆开发利用煤炭、石油资源,留给后人的便越来越少;同时不断污染环境,带给后人的不良影响便越来越多。

通过有效合作皆大欢喜的结局是可能出现的。但从零和游戏走向双赢,要求各方面要有真诚合作的精神和勇气,在合作中不要小聪明,不要总想占别人的小便宜,要遵守游戏规则,否则双赢的局面就不可能出现,最终吃亏的还是合作者自己。

从20世纪以来,人类在经历了两次世界大战、经济的高速增长、科技进步、全球一体化以及日益严重的环境污染之后,"零和游戏"观念正逐渐被"双赢"观念所取代。在竞争的社会中,人们开始认识到"利己"不一定要建立在"损人"的基础上。领导者要善于跳出"零和"的圈子,寻找能够实现"双赢"的机遇和突破口,防止负面影响抵消正面成绩。批评下属如何才能做到使其接受而不抵触,发展经济如何才能做到不损害环境,开展竞争如何使自己胜出而不让对方受到伤害,这些都是每一个为官者应该仔细思考的问题。有效合作,得到的是皆大欢喜的结局。

3. 意义

对于非合作、纯竞争型博弈,冯·诺伊曼所解决的只有两人零和博弈:好比两个人下棋或是打乒乓球,一个人赢一着则另一个人必输一着,净获利为零。

在这里抽象化后的博弈问题是,已知参与者集合(双方)、策略集合(所有棋着)和盈利集合(赢子输子),能否且如何找到一个理论上的"解"或"平衡",也就是对参与双方来说都最合理、最优的具体策略?怎样才是合理?应用传统决定论中的"最小最大"准则,即博弈的每一方都假设对方的所有攻略的根本目的是使自己最大程度地失利,并据此最优化自己的对策。诺伊曼从数学上证明,通过一定的线性运算,对于每一个两人零和博弈,都能够找到一个"最小最大解"。通过一定的线性运算,竞争双方以概率分布的形式随机使用某套最优策略中的各个步骤,就可以最终达到彼此盈利最大且相当。当然,其隐含的意义在于,这套最优策略并不依赖于对手在博弈中的操作。用通俗的话说,这个著名的最小最大定理所体现的基本"理性"思想是"抱最好的希望,做最坏的打算"。

虽然零和博弈理论的解决具有重大的意义,但作为一个理论来说,它应用于实践的范围是有限的。零和博弈主要的局限性有二:一是在各种社会活动中,常常有多方参与而不是只有两方;二是参与各方相互作用的结果并不一定有人得利就有人失利,整个群体可能具有大于零或小于零的净获利。对于后者,历史上最经典的案例就是"囚徒困境"。在"囚徒困境"的问题中,参与者仍是两名(两个盗窃犯),但这不再是一个零和的博弈,人受损并不等于我收益。两个小偷,可能一人被判10年,或一起各被判2年。

4. 扑克与交易

一般来说，朋友之间玩扑克是一种典型的零和游戏。无论哪一个人赢，就会有其他的人输，这之间的输赢总和是零。

扑克俱乐部里面玩的就不太一样了，因为俱乐部对赌注总额会收取一个固定比率的费用，比方说是1%，这将形成负和游戏。也就是输赢的总和小于零（如果加上俱乐部的抽成就为零了），玩家们集体亏损给俱乐部。如果我们定义俱乐部也是这个赌局特殊形态玩家的话，这个赌局又变成了零和游戏。换句话说，我们计算赢家所赢的和输家所输的，扣除俱乐部抽成的总和，那又变成一个零和游戏了，扣除了付给俱乐部的抽成之后，不管是谁赢，其他人就是输家。锦标赛中的扑克赌局是由赞助商提供奖品，因此它是一个正和游戏（如果它的奖金超过所有参赛者报名费的话），若我们计算总奖项的净值，那么扑克仍然是一个零和游戏。扣除了奖项之后，无论是谁赢，其他人都是输。无论在什么场合玩扑克，这种赌局根本上的特性都存在，它就是一个零和游戏（假设这是一个基准），以这个观点看来，上述三种形态都是相同的，玩家们经常不关心它的基准为何，而持续玩相同的策略。人们玩扑克要依靠这个基准的理由，撇开技术的差异性，那就是在锦标赛中大部分的玩家是赢家，而俱乐部中大部分的玩家是输家。

交易是一种零和游戏。

像扑克一样，交易可以分为零和游戏、负和游戏、正和游戏类，这完全取决于我们如何定义利润和亏损。倘若我们只以获利和亏损来当作基准衡量交易，那么它必然是一个零和游戏。举例来说，假设操作利润和亏损被定义为与基本价值相对应（基本上它无法观察），那么当买方和卖方交易，他们会设定一个价格，如果这个价格高于基本价值，卖方就取得买方支出的利益。在市场上若没有其他交易员的亏损，不会有任何一个交易员获利的。既然我们无法确定地观察出基本价值，亦即交易员也无法确知他们的利润及亏损，则他们交易时间中的不确定性就不会改变零和游戏的本质。

如果所用的基准对买方和卖方是相同的，那么用来定义利润和亏损的基准并不影响零和游戏的本质。这个基准决定我们如何来解释利润和亏损。当我们用基本价值作为基准，解释价格和基本价值间的不同点为基本操作利润或亏损，在没有定义以及估计基本价值之前，这些利润和亏损是无法被估计的。

就这个观点而言，操作利润和亏损的定义是以应用于买卖双方的一般基准为基础。一般常见的基本价值基准产生了零和游戏。一般报酬基准产生的游戏可以很容易地经由调整来成为零和游戏。不管如何，没有其他交易员的亏损，是不会有任何交易员有所获利的。基于这个论点，交易就是一个零和游戏。

5. 应用

（1）零和游戏与金融市场

零和博弈是博弈过程的最基本模型。理想的零和博弈对于金融市场来说有重要意义。在金融市场实际趋势运行中，理想零和博弈的全过程接近于一个半圆。当然，所谓半圆，与观察者制定坐标的数值单位有关，如果大幅压缩时间单位，这个半圆看起来就像抛物线；如果大幅扩展时间单位，路线又像一段扁扁的圆弧。因此，在上面表达最高点的时候，提出"公认的相关系数"概念。在这个相关系数引导下，最高点就是一个明确的数值，也就排除了观察坐标绘制过程的伸缩带来的影响。

理想零和博弈,从金融趋势的演变角度来看,最终将构成核心因子。混沌经济学研究者一直希望在证券市场寻找到主宰世界命运的"混沌因子",事实上,所有金融市场的"混沌因子"就是这么一个理想零和博弈的半圆。而最终,一个半圆的小泡影也将幻化出五光十色的大千世界,其寿命成千上万年,或者更长。这个小泡影,带有"真善美"的天然属性。

(2)零和游戏与公司治理

公司治理中的零和游戏并非没有一个均衡点,可以从对手之间的博弈转变为正当管理与不正当管理之间的此消彼长,由此避免双方的对抗。正当管理与不正当管理的零和游戏中,正当管理的成分多一点,不正当管理的成分就少一点;反过来也一样,两者之间存在着零和关系。管理者的精力是有限的,当他把精力过多地用在不正当管理的歪门邪道上时,就会严重影响到正当管理的艰苦卓绝的努力。因此,通过反对不正当管理来完成公司治理的任务,从而促进正当管理,对于把企业蛋糕做得更大是不可或缺的。

首先,它可以避免所有者和其他相关利益者一方在零和游戏中处于必输的地位。在零和游戏中,管理者一方在信息不对称中处于优势地位,再加上其实际控制着人流、物流、资金流,因而在内部博弈中总是稳操胜券。作为对手的所有者和其他相关利益者一方,要想改变这种被动局面,通过公司治理加以抗衡总是必要的。其次,为反对不正当管理而付出一定成本是合算的。通过建立健全公司治理机制,反对不正当管理,难免要付出一定的成本,但它肯定是在可以承受的范围之内,与在零和游戏中必输的份额相比,与企业资产可能被掏空相比,付出这种成本还是合算的。再次,付出的必要成本使得企业"蛋糕做得更大"更有希望。反对不正当管理至少可以使管理者在内部"零和游戏"中获利的行为得到遏制,通过这种有效的工作使管理者在内部零和游戏中失去优势之后,就有望促使其将自己的聪明才智用在把"蛋糕做得更大"上,因为那样同样可以使他们个人所得的绝对数额更多。

从博弈论的研究来看,解决零和游戏问题的出路在于参与博弈者从零和走向双赢或者多赢,但其前提是必须摆脱零和游戏的思维定式。在企业管理中也一样,两权分离的公司制发展轨迹不可逆转,而内部零和游戏又会产生内耗,解决的办法与其寄希望于大家在"零和游戏"中握手言和,不如让经营管理者感到实施不正当管理得不偿失,知难而退,一致对外,把企业利益的蛋糕做得更大。

第七章 证明之美——世界三大数学难题

近代数学如参天大树,已是分支众多,枝繁叶茂。在这棵苍劲的大树上悬挂着数不胜数的数学难题。其中最耀眼夺目的是费马大定理、哥德巴赫猜想和四色问题,它们被称为近代三大数学难题。

费马猜想的证明于1994年由英国数学家安德鲁·约翰·怀尔斯(Andrew John Wiles)完成;四色猜想的证明于1976年由美国数学家阿佩尔(Kenneth Appel)与哈肯(Wolfgang Haken)借助计算机完成,遂称四色定理;哥德巴赫猜想尚未解决,目前最好的成果(陈氏定理)乃于1966年由中国数学家陈景润取得。

这三个问题的共同点是题面简单易懂,内涵深邃无比,困扰了一代代的数学家。

一、数学难题之一——费马猜想

费马猜想一般是指"费马大定理",又被称为"费马最后定理"。费马大定理,人类挑战三个多世纪,耗尽人类最杰出大脑的精力,也让千千万万业余爱好者痴迷。

1. 费马简介

费马(Fermat),法国数学家。他非常喜欢数学,有律师的全职工作,常常利用业余时间研究高深的数学问题,结果取得了很大的成就,被人称为"业余数学家之王"。

2. 猜想提出

1637年,三十来岁的费马在读丢番图的名著《算术》法文译本时,看到毕达哥拉斯定理:在直角三角形中,斜边的平方等于两直角边的平方之和,即 $x^2 + y^2 = z^2$。

费马猜想:任何一个整数的立方,不能分成其他另两个数的立方之和;任何一个整数的四次方,也不可能分成为其他另两个数的四次方数之和,更何现,不可能将一个高于二次幂的任何整数幂再分成两个其他同次幂数之和。

我们可将费马猜想的内容概括为:当整数 $n > 2$ 时,关于 x, y, z 的方程 $x^n + y^n = z^n$ 没有正整数解。

3. 证明的过程

欧拉1770年提出 $n = 3$ 的证明,用的是唯一因子分解定理;

费马自己证明了 $n = 4$ 的情形。

勒让德(Legendre),法国人,1823 年证明了 $n=5$ 的情形。

狄利克雷(Dirichlet),德国人,

1828 年,独立证明了 $n=5$。

1832 年,解决了 $n=14$ 的情况。

1839 年,法国数学家拉梅证明了 $n=7$ 的情形,他的证明使用了跟 7 本身结合得很紧密的巧妙工具,只是难以推广到 $n=11$ 的情形;于是,他又在 1847 年提出了"分圆整数"法来证明,但没有成功。

4. 突破性的进展

德国数学家 E·库莫尔(Ernst Kummer)于 1847 年证明了对于小于 100 的除了 37,59 和 67 这三个所谓非正则素数以外,费马大定理成立。为了重建唯一分解定理,库莫尔在 1844—1847 年间创立了理想数理论。1857 年,库莫尔获巴黎科学院颁发的奖金 3000 法郎。

1908 年,格丁根皇家科学协会公布沃尔夫斯凯尔奖:凡在 2007 年 9 月 13 日前解决费马大定理者,将获得 100000 马克奖励。提供该奖者沃尔夫斯凯尔是德国实业家,年轻时曾为情所困决意在午夜自杀,但在临自杀前读到库莫尔论述柯西和拉梅证明费马大定理的错误,让他情不自禁地计算到天明,设定自杀时间过了,他也放不下问题的证明,数学让他重生并后来成为大富豪。1908 年这位富豪死时,遗嘱将其一半遗产捐赠设奖,以谢其救命之恩。

从此世界每年都会有成千上万人宣称证明了费马大定理,但全部都是错的。

5. 费马定理最终证明

费马定理最终被天才数学家安德鲁·约翰·怀尔斯(图 7-1)证明。他是英国数学家,居于美国。

图 7-1 德鲁·约翰·怀尔斯像

他于 1979 年在剑桥大学获博士。1994 年他证明出困扰数学家三百多年的费马最后定理,是数学上的重大突破。理查·泰勒是他过程中的助手。

怀尔斯的证明以非凡的戏剧性来公开。1993 年 6 月他在牛顿研究所安排了三场演讲,不预先公开他的讲题。但听众和大众发现演讲的最终目的而引起轰动,人群挤满了第三场演讲的讲堂。

此后几个月,证明的文稿在少数数学家之间传阅,而公众都等待着验证结果。证明的第一版本依赖于构造一个物件,称为欧拉系统,可是这方面出了问题。同行评审发现了在精细复杂的数学中出现了错误。差不多一年过去了,怀尔斯的证明看来像其他许多证明般有致命伤,虽然他有很多重要发现,但最终

达不到目的。怀尔斯要放弃时,决定最后试一试,与他的前博士生理查·泰勒合作解决证明中最后的问题。最后他采用了原本第一版本里不采用的方法,并获得突破,从而证明了费马最后定理。他评论道:"……很突然地,完全没料到我会得到这般难以置信的启示。这是我工作生涯最重要的一刻。将来的工作我也不再如此看重……这是难以言喻的美丽,这样的简洁优美,我足足看着它有二十分钟,然后一整天在系里踱步,时常回到我的台子要看它还在——它还在。"

怀尔斯证明的最终定稿也因此与原先不同。这证明刊登在1995年141期的《数学纪事》(Annals of Mathematics)第443—551页。紧接论文后面还有另一份他与泰勒合著的补充论文,题为"某些赫克代数的环论性质"(Ring—theoretic properties of certain Hecke algebras),刊在第553—572页。

怀尔斯于1995年获得肖克奖,1996年获得皇家奖章、沃尔夫奖、柯尔奖,1998年获菲尔兹奖委员会主席尤里·马宁颁发的第一个国际数学联盟特别奖(获颁特别奖而非菲尔兹奖的原因是他当年已经超过菲尔兹奖的获奖年龄上限40岁),2005年获得邵逸夫奖。

二、数学难题之二——哥德巴赫猜想

1. 哥德巴赫简介

哥德巴赫(C. Goldbach,Christian)1690年3月18日生于普鲁士柯尼斯堡(今俄罗斯加里宁格勒),1764年11月20日卒于俄国莫斯科,著名数学家、宗教音乐家。最有名的理论就是"哥德巴赫猜想"。哥德巴赫并不是职业数学家,而是一个喜欢研究数学的富家子弟。哥德巴赫喜欢到处旅游,结交数学家,然后跟他们通信。1742年6月17日,他在给好友欧拉的一封信里陈述了他著名的猜想——哥德巴赫猜想。1770年,英国数学家爱德华·华林首先将它公之于众,掀起了关于数学的一场革命。

2. 猜想的提出

要懂得哥德巴赫猜想是怎么一回事,只需把早先在小学三年级里就学到的数学再来温习一下。那些1,2,3,4,5,个十百千万的数字,叫正整数。那些可以被2整除的数,叫偶数。剩下的那些数,叫奇数。还有一种数,如2,3,5,7,11,13等等,只能被1和它本数整除,而不能被别的整数整除的数,叫素数。除了1和它本数以外,还能被别的整数整除的,这种数如4,6,8,9,10,12等等就叫合数。一个整数,如能被一个素数所整除,这个素数就叫作这个整数的素因子。如6,就有2和3两个素因子。如30,就有2,3和5三个素因子。

1729—1764年,哥德巴赫与欧拉保持了长达35年的书信往来。在1742年6月7日给欧拉的信中,哥德巴赫提出了以下猜想:

(a)任何一个≥6之偶数,都可以表示成两个奇质数之和;

(b)任何一个≥9之奇数,都可以表示成三个奇质数之和。

这就是所谓的哥德巴赫猜想。

在信中他写道:我的问题是这样的:随便取某一个奇数,比如77,可以把它写成三个素数之和:77=53+17+7;

再任取一个奇数,比如461,461=449+7+5。也是三个素数之和,461还可以写成257+199+5,仍

然是三个素数之和。

这样,我发现:任何大于9的奇数都是三个素数之和。但这怎样证明呢?虽然做过的每一次试验都得到了上述结果,但是不可能把所有的奇数都拿来检验,需要的是一般的证明,而不是个别的检验。

同年6月30日,欧拉回信说:"这个命题看来是正确的。"但是他也给不出严格的证明。同时欧拉在回信中又提出了此一猜想可以有另一个等价的版本:任何一个大于2的偶数都是两个素数之和,但是这个命题他也没能给予证明。

哥德巴赫猜想是世界近代三大数学难题之一。这道数学难题引起了几乎所有数学家的注意。哥德巴赫猜想由此成为数学皇冠上一颗可望不可及的"明珠"。

3. 研究过程

整个十八世纪没有人能证明它。

整个十九世纪也没有人能证明它。

直到20世纪才有所突破。1937年苏联数学家维诺格拉多夫,用他创造的"三角和"方法,证明了"任何大奇数都可表示为三个素数之和"。不过,维诺格拉多夫的所谓大奇数要求大得出奇,与哥德巴赫猜想的要求仍相距甚远。

直接证明哥德巴赫猜想不行,人们采取了"迂回战术",就是先考虑把偶数表为两数之和,而每一个数又是若干素数之积。如果把命题"每一个大偶数可以表示成为一个素因子个数不超过 a 个的数与另一个素因子不超过 b 个的数之和"记作"$a+b$",那么哥氏猜想就是要证明"$1+1$"成立。

1920年,挪威的布朗证明了"$9+9$"。

1924年,德国的拉特马赫证明了"$7+7$"。

1932年,英国的埃斯特曼证明了"$6+6$"。

1937年,意大利的蕾西先后证明了"$5+7$","$4+9$","$3+15$"和"$2+366$"。

1938年,苏联的布·赫夕太勃证明了"$5+5$"。

1940年,苏联的布·赫夕太勃证明了"$4+4$"。

1948年,匈牙利的瑞尼证明了"$1+c$",其中 c 是一个很大的自然数。

1956年,中国的王元证明了"$3+4$"。稍后证明了"$3+3$"和"$2+3$"。

1962年,中国的潘承洞和苏联的巴尔巴恩证明了"$1+5$",中国的王元证明了"$1+4$"。

1965年,苏联的布赫·夕太勃和小维诺格拉多夫,及意大利的朋比利证明了"$1+3$"。

1966年5月,陈景润在中国科学院的刊物《科学通报》第十七期上宣布他已经证明了"$1+2$",他发表的《表达偶数为一个素数及一个不超过两个素数的乘积之和》(简称"$1+2$"),成为哥德巴赫猜想研究上的一大里程碑。

图 7-2 陈景润像

4. 陈景润简介

陈景润(1933年5月22日—1996年3月19日)(图7-2),汉族,福建福州人,中国著名数学家,厦门大学数学系毕业。1966年发表《表达偶数为一个素数及一个不超过两个素数的乘积之和》(简称"1+2"),成为哥德巴赫猜想研究上的一大里程碑。而他所发表的成果也被称为陈氏定理。这项工作还使他与王元、潘承洞在1978年共同获得中国自然科学奖一等奖。1999年,中国发行纪念陈景润的邮票。同年10月,紫金山天文台将一颗行星命名为"陈景润星"。

一、数学难题之三——四色问题

1. 四色问题的内涵

四色问题,也称四色猜想或四色定理,是世界近代三大数学难题之一。四色问题的内容是:"任何一张地图只用四种颜色就能使具有共同边界的国家着上不同的颜色。"用数学语言表示,即"将平面任意地细分为不相重叠的区域,每一个区域总可以用1,2,3,4这四个数字之一来标记,而不会使相邻的两个区域得到相同的数字。"(这里所指的相邻区域,是指有一整段边界是公共的。如果两个区域只相遇于一点或有限多点,就不叫相邻的,因为用相同的颜色给它们着色不会引起混淆。)

2. 问题的诞生

1852年,毕业于伦敦大学的格斯里来到一家科研单位从事地图着色工作,工作时他发现每幅地图都可以只用四种颜色着色。这个现象能不能从数学上加以严格证明呢?他和他正在读大学的弟弟古德里决心试一试,但是稿纸已经堆了一大叠,研究工作却是没有任何进展。

1852年10月23日,他的弟弟就这个问题的证明请教了他的老师、著名数学家德·摩尔根,摩尔根也没有能找到解决这个问题的途径。

德·摩尔根主要在分析学、代数学、数学史及逻辑学等方面做出了重要贡献。当时他对数学史也十分精通,曾为牛顿及哈雷作传,并制作了17世纪科学家的通信录索引。此外,他在算术、代数、三角等方面亦撰写了不少教材,主要著作有《微积分学》(1842)及《形式逻辑》(1847)等。他对19世纪的数学具有相当的影响力。

德·摩尔根不能证明四色问题转而请教发明四元数的哈密顿,但是没有引起哈密顿的重视。

哈密顿1805年8月4日生于爱尔兰都柏林,自幼聪明,被称为神童。他三岁能读英语,会算术;五岁能译拉丁语、希腊语和希伯来语,并能背诵《荷马史诗》;九岁便熟悉了波斯语、阿拉伯语和印地语;14岁时,因在都柏林欢迎波斯大使宴会上用波斯语与大使交谈而出尽风头。

3. 四色问题的提出

1878年,英国当时最著名的数学家凯莱对此问题进行了一番思考后,相信这不是一个可以等闲视之的问题,于是在《伦敦数学会文集》上发表了一篇《论地球着色》的文章,他的文章掀起了一场四色问题热。

凯莱——英国纯粹数学的近代学派带头人。凯莱最主要的贡献是与西尔维斯特创立了代数型的理论,共同奠定了关于代数不变量理论的基础。他是矩阵论的创立者,曾任剑桥哲学会、伦敦数学会、皇家天文学会的会长。

他在数学、理论力学、天文学方面发表了近千篇论文。他的数学论文几乎涉及纯粹数学的所有领域,收集在《凯莱数学论文集》中,并著有《椭圆函数专论》一书。

4. 尴尬的一堂课

19世纪末德国有位天才的数学教授叫闵可夫斯基,他曾是爱因斯坦的老师。爱因斯坦因为经常不去听课,被他骂作"懒虫"。万万没想到就是这个"懒虫"后来创立了著名的狭义相对论和广义相对论。闵可夫斯基受到很大震动,他把相对论中的时间和空间统一成"四维时空",这是近代物理发展史上的关键一步。

在闵可夫斯基的一生中,把爱因斯坦骂作"懒虫"恐怕还算不上最尴尬的事……一天闵可夫斯基刚走进教室,一名学生就递给他一张字条,上面写着:"如果把地图上有共同边界的国家涂成不同颜色,那么只需要四种颜色就足够了。您能解释其中的道理吗?"

闵可夫斯基微微一笑,对学生说:"这个问题叫四色问题,是一个著名的数学难题。其实它之所以一直没有得到解决,仅仅是由于没有第一流的数学家来解决它。"为证明字条上写的不是一道大餐,只是小菜一碟,闵可夫斯基决定当堂"掌勺",问题就会得到解决……

下课铃响了,可"菜"还是生的。一连好几天他都挂了黑板。后来有一天,闵可夫斯基走进教室时忽然雷声大作,他借此自嘲道:"哎!上帝在责备我狂妄自大呢!我解决不了这个问题。"

5. 问题的证明

1879年一位叫肯普的英国律师宣称证明了四色问题,他的论文发表在《美国数学杂志》上,但是11年后,一位叫希伍德的青年指出肯普证明中的严重错误。

希伍德对肯普的方法做了适当的补救后,用它证明了五色定理。他一生坚持研究四色问题,但始终未能证明这条定理。

肯普的证明是这样的:如果没有一个国家包围其他国家,或没有三个以上的国家相遇于一点,这种地图就说是"正规的"(图7-3)。与正规地图对立,则为非正规地图(图7-4)。

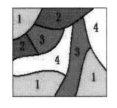

图 7-3 正规地图　　　　　　　　　　图 7-4 非正规地图

一张地图往往是由正规地图和非正规地图联系在一起,但非正规地图所需颜色种数一般不超过正规地图所需的颜色,如果有一张需要五种颜色的地图,那就是指它的正规地图是五色的。要证明四色猜想成立,只要证明不存在一张正规五色地图就足够了。

肯普是用归谬法来证明的,大意是如果有一张正规的五色地图,就会存在一张国数最少的"极小正规五色地图",如果极小正规五色地图中有一个国家的邻国数少于六个,就会存在一张国数较少的正规地图仍为五色的,这样一来就不会有极小五色地图的国数,也就不存在正规五色地图了。

这样肯普就认为他已经证明了"四色问题",但是后来人们发现他错了。不过,肯普的证明阐明了两个重要的概念,对以后问题的解决提供了途径。

第一个概念是"构形"。他证明了在每一张正规地图中至少有一国具有两个、三个、四个或五个邻国,不存在每个国家都有六个或更多个邻国的正规地图,也就是说,由两个、三个、四个或五个邻国组成的一组"构形"是不可避免的,每张地图至少含有这四种构形中的一个。

另一个概念是"可约"性。"可约"这个词的使用是来自肯普的论证。他证明了只要五色地图中有一国具有四个邻国,就会有国数减少的五色地图。自从引入"构形""可约"概念后,逐步发展了检查构形以决定是否可约的一些标准方法,能够寻求可约构形的不可避免组,是证明"四色问题"的重要依据。但要证明大的构形可约,需要检查大量的细节,这是相当复杂的。

11年后,即1890年,在牛津大学就读的年仅29岁的希伍德以自己的精确计算指出了肯普在证明上的漏洞。他指出,肯普说没有极小五色地图能有一国具有五个邻国的理由有破绽。人们发现他们实际上证明了一个较弱的命题——五色定理。就是说,对地图着色,用五种颜色就够了。

后来,越来越多的数学家虽然对此绞尽脑汁,但一无所获。于是,人们开始认识到,这个貌似容易的题目,其实是一个可与费马猜想相媲美的难题。进入20世纪以来,科学家们对四色猜想的证明基本上是按照肯普的想法在进行的。

1913年,美国著名数学家、哈佛大学的伯克霍夫利用肯普的想法,结合自己新的设想,证明了某些大的构形可约。后来美国数学家富兰克林于1939年证明了22国以下的地图都可以用四色着色。1950年,有人从22国推进到35国。1960年,有人又证明了39国以下的地图可以只用四种颜色着色;随后又推进到了50国。看来这种推进仍然十分缓慢。

6. 计算机解决问题

经过半个多世纪的徘徊,直到1969年,才有一位德国数学家希斯第一次提出具体可行的寻找不可避免可约图的算法,他称为"放电算法"。

后来哈肯注意到希斯的算法可以大大改进,于是和阿佩尔合作,从1972年开始用简化了的希斯算法产生不可避免可约图集,他们采用新的计算机实验方法,并得到了计算机程序专家的帮助,到1976年6月终于获得了成功:一组不可避免可约图找到了,这组图共2000多个。他们在美国伊利诺伊大学的两台不同的电子计算机上,用了1200个小时,做了100亿判断,终于完成了四色定理的证明,轰动了全世界。

◆ 课外链接

欧拉公式

在任何一个规则球面地图上,用 R 记区域个数,V 记顶点个数,E 记边界个数,则 $R+V-E=2$,这就是欧拉定理,它于1640年由笛卡尔首先给出证明,后来欧拉于1752年又独立地给出证明。我们称其为欧拉定理,在国外也有人称其为笛卡尔定理,即 $R+V-E=2$,如图7-5所示。

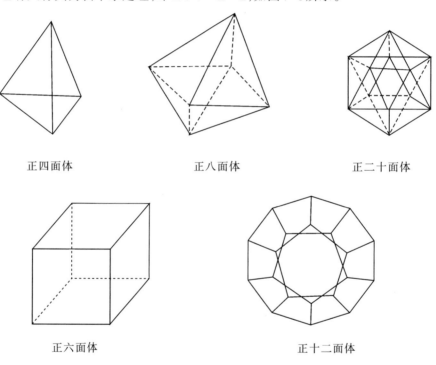

正四面体   正八面体   正二十面体

正六面体   正十二面体

图7-5 多面体

证明:

用数学归纳法证明。

(1)当 $R=2$ 时,由说明1,这两个区域可想象为以赤道为边界的两个半球面,赤道上有两个"顶点"将赤道分成两条"边界",即 $R=2$,$V=2$,$E=2$;于是 $R+V-E=2$,欧拉定理成立。

(2)设 $R=m(m \geqslant 2)$ 时欧拉定理成立,下面证明 $R=m+1$ 时欧拉定理也成立。

由说明2,我们在 $R=m+1$ 的地图上任选一个区域 X,则 X 必有与它如此相邻的区域 Y,使得在去掉 X 和 Y 之间的唯一一条边界后,地图上只有 m 个区域了;在去掉 X 和 Y 之间的边界后,若原该边界两端的顶点现在都还是3条或3条以上边界的顶点,则该顶点保留,同时其他的边界数不变;若原该边界一端或两端的顶点现在成为2条边界的顶点,则去掉该顶点,该顶点两边的两条边界便成为一条边界。于是,在去掉 X 和 Y 之间的唯一一条边界时,只有三种情况:

①减少一个区域和一条边界;

②减少一个区域、一个顶点和两条边界;

③减少一个区域、两个顶点和三条边界。

即在去掉 X 和 Y 之间的边界时,不论何种情况都必定有"减少的区域数+减少的顶点数=减少的边界数"。

我们将上述过程反过来(即将 X 和 Y 之间去掉的边界又照原样画上),就又成为 $R=m+1$ 的地图了。在这一过程中,必然是"增加的区域数+增加的顶点数=增加的边界数"。

因此,若 $R=m(m\geqslant2)$ 时欧拉定理成立,则 $R=m+1$ 时欧拉定理也成立。由(1)和(2)可知,对于任何正整数 $R\geqslant2$,欧拉定理成立。

柯西的证明。

第一个欧拉公式的严格证明,由20岁的柯西给出。大致如下:

从多面体去掉一面,通过把去掉的面的边互相拉远,把所有剩下的面变成点和曲线的平面网络。不失一般性,可以假设变形的边继续保持为直线段。正常的面不再是正常的多边形(即使开始的时候它们是正常的)。但是,点、边和面的个数保持不变,和给定多面体的一样(移去的面对应网络的外部)。

重复一系列可以简化网络却不改变其欧拉数(也是欧拉示性数) $F-E+V$ 的额外变换。

1.若有一个多边形面有3条边以上,我们画一个对角线。这增加一条边和一个面,继续增加边直到所有面都是三角形。

2.除掉只有一条边和外部相邻的三角形。这把边和面的个数各减一而保持顶点数不变。

3.(逐个)除去所有和网络外部共享两条边的三角形。这会减少一个顶点、两条边和一个面。

重复使用第2步和第3步直到只剩一个三角形。对于一个三角形 $F=2$,(把外部数在内) $E=3,V=3$,所以 $F-E+V=2$。

至于欧拉公式在拓扑学、物理学中的应用,请读者自己查阅相关书籍和材料,这里不做赘述。

第八章 投壶之美——概率论

一、概率论的起源——一场未完的赌局

说起概率论起源的故事,就要提到法国的两个数学家,一个叫帕斯卡,一个叫费马。帕斯卡是17世纪有名的"神童"数学家。费马是一位业余的大数学家,许多故事都与他有关。帕斯卡认识的朋友中有两个是赌徒。一个赌徒向帕斯卡提出了一个使他苦恼长久的分赌本问题:甲、乙两赌徒赌技相同,各出赌注50法郎,每局中无平局。他们约定,谁先赢三局,则得到全部赌本100法郎。但当甲赢了两局、乙赢了一局时,因故要终止赌博。现请问这100法郎如何分才算公平? 这也就是著名的"点数问题"。该问题引起了不少人的兴趣。

首先大家都认识到:平均分对甲不公平;全部归甲对乙不公平;合理的分法是按一定的比例,甲多分些,乙少分些。所以问题的焦点在于:按怎样的比例来分。帕斯卡和费马的通信中讨论了"点数问题",并获得了成功。1654年帕斯卡提出了如下的分法:设想再赌下去,则甲最终所得 X 为一个随机变量,其可能取值为0或100。再赌两局必可结束,其结果不外乎是以下四种情况之一:甲甲、甲乙、乙甲、乙乙。

其中"甲乙"表示第一局甲胜、第二局乙胜。因为赌技相同,所以在这四种情况中有三种可使甲获100法郎,只有一种情况(乙乙)下甲获得0法郎。所以甲获得100法郎的可能性为3/4,获得0法郎的可能性为1/4。经上分析,帕斯卡认为,甲应得 $0\times\dfrac{1}{4}+100\times\dfrac{3}{4}=75$(法郎);同理,乙分25法郎。帕斯卡和费马(P.Fermat)用数学演绎法和排列组合理论圆满地解决了"点数问题"。但由于他们关于这个问题的通信直至1679年才完全公布于世,而惠更斯(Christian Huygens)于1657年出版了《论赌博中的计算》。该书是第一部概率论著作,它先从关于公平赌博值得一条公理出发,推导出有关数学期望的三条基本定理,利用这些定理和递推公式,解决了点子2问题及其他一些博弈问题,最后提出了5个问题留给读者解答,并仅给出了其中三个的答案。故从某种意义上讲,惠更斯的《论赌博中的计算》标志着概率论的诞生。

二、随机事件和等可能事件的概率

观察

(1)掷一枚硬币,假设硬币结构均匀,并且掷得的结果只可能是"正面向上"或"反面向上",掷得"正面向上"的可能性有多大?

(2)掷一颗骰子,假设骰子结构均匀,六个面的点数分别为1,2,3,4,5,6,掷得5点的可能性有多大?

(3)从一副52张扑克牌(无大、小王)中任意抽取一张,抽到黑桃花色的可能性有多大?

探究

(1)掷得"正面向上"或"反面向上"的可能性都是1/2。

（2）掷一个骰子只有6种结果，而且每种结果出现的可能性相同，都是1/6。

（3）抽取一张扑克牌的花色只有4种结果，而且每种结果出现的可能性都是等可能性的，都是1/4。

结论

试验的每一个结果事先不能准确预言，但是一切可能出现的结果却是已知的，这样的试验叫作随机试验。

随机试验中的每一个可能出现的试验结果叫作这个试验的基本事件或样本点。

全体基本事件组成的集合叫作这个试验的样本空间。

样本空间的子集叫作随机事件，简称事件。

在某一随机试验中，必然要发生的事件叫作必然事件，不可能发生的事件叫作不可能事件。

例1 指出下列事件是必然事件、不可能事件，还是随机事件。

（1）任取一个数，它是实数x。

（2）某人花10元钱买彩票，中了二等奖。

（3）从分别标有号数1，2，3，4，5的5张号签中任抽一张，抽到7号签。

（4）在标准大气压下，水在2℃结成冰。

（5）在掷一枚均匀硬币的试验中，连续6次掷得的结果都是反面朝上。

解：（1）必然事件。（2）随机事件。（3）不可能事件。（4）不可能事件。（5）随机事件。

探究

投掷结构均匀的硬币或骰子，每个基本事件出现的可能性都相等。像这种每次试验只可能出现有限个不同的结果，而且所有这些不同结果出现的可能性都相等的随机事件，叫作等可能事件。等可能事件如果在一次试验中可能出现的结果有n个，那么每个基本事件出现的可能性都是$1/n$。

结论

一般地，如果一次试验的基本事件总数为n，而且所有的基本事件出现的可能性都相等，其中事件A所包含的基本事件数为m，那么我们就用m/n来描述事件A发生的可能性大小，称为事件An的概率，即$P(A)=m/n$。易知，必然事件的概率是1，不可能事件的概率是0。所以$0 \leqslant P(A) \leqslant 1$。

例2 一个口袋内有大小相同的1个黑球和编号为白1，白2，白3的3个白球。

（1）从中任意取出2个球，共有多少种不同的结果？

（2）取出2个白球，有多少种不同的结果？

（3）取2个白球的概率是多少？

解：（1）从袋中任意取出2个球，其一切可能的结果组成的样本空间为$n=\{($黑，白1$),($黑，白2$)$，$($黑，白3$),($白1，白2$),($白1，白3$),($白2，白3$)\}$，共有6种不同的结果

（2）记"取出2个白球"为事件A，则$A=\{($白1，白2$),($白1，白3$),($白2，白3$)\}$，共有3种不同的结果

（3）由于口袋内4个球的大小相同，从中取出2个球的6种结果是等可能的，事件A由3个基本事件组成，所以取出2个白球的概率为：$P(A)=3/6=1/2$

例3 将骰子先后抛掷两次，计算：

（1）一共有多少种不同的结果？

（2）向上的点数之和是5的结果有多少种？

（3）向上的点数之和是5的概率是多少？

解：（1）将骰子抛掷1次，它落地时向上的点数有1，2，3，4，5，6这6种结果，第2次抛掷也是如此。根据分步计数原理，一共有6×6＝36种结果。

（2）在上面的所有结果中，向上的数之和为5的结果有(1,4)，(2,3)，(3,2)，(4,1)4种，其中括号内的左、右两个数分别为第一、二次抛掷所得的点数，上面的结果可用图12—1表示。

（3）由于骰子是均匀的，将它抛掷2次的所有36种结果是等可能出现的，其中向上的数之和是5的结果（记为事件A）有4种，所求概率$P(A)＝4/36＝1/9$。

例4 从含有2件正品和1件次品的3件产品中每次任取1件，每次取后不放回，连续取2次。求取出的2件中恰好是1件正品1件次品的概率。

解：每次取后不放回地连续取两次，所有可能的结果组成的样本空间为：

$$\Omega=\{(a_1,a_2),(a_1,b_1),(a_2,a_1),(a_2,b_1),(b_1,a_1),(b_1,a_2),\}$$

小括号内的左、右两个字母分别表示第一、二次取出的产品编号。从3件产品中不放回地连续任取两件是等可能事件，由6个基本事件组成。记事件"取出的两件中恰好是一件正品、一件次品"为A，则由4个基本事件组成。

所以$A＝\{(a_1,b_1),(a_2,b_1),(b_1,a_1),(b_1,a_2)\}$。

三、概率与频率

观察

某次即开型摸奖活动的中奖率是60%，那是不是说摸奖100次就会有60次中奖？

探究

摸奖100次，并不能保证有60次中奖。中奖率60%只是表明中奖可能性的大小，随着摸奖次数的增多，中奖率会越来越接近60%。一般地，如果把数据做一个统计，设共摸奖n次，其中有m次中奖，n与m的比值m/n就能近似地反映中奖可能性的大小。

结论

在相同条件下重复n次试验，事件A发生的次数m与试验总次数n的比值m/n叫作频率。随着试验次数的增多，频率会表现出一定的规律性。

随机事件的概率的统计规律性表现在，随机事件的频率具有稳定性，即总是在某个常数附近摆动，且随着试验次数的不断增多，这种摆动幅度越来越小，即越来越接近这个常数。于是，我们就把这个常数叫随机事件的概率。这就是概率的统计定义。

应用

例1 以下是某人摸球实验的记录．在一个不透明的盒子里 装有颜色不同的黑、白两种球共400个，实验者将盒子里的球搅匀后，从中随机摸出一个球记下颜色，再把它放回盒子中，不断重复上述过程，表8-1是实验中的一组统计数据：

表8-1 统计次数

白球次数	5	28	63	92	178	241
试验次数	10	50	100	150	300	400

(1)请估计:当n很大时,摸到白球的频率将会接近_____(精确到0.1)。

(2)从中摸一次球,试估计摸到白球的概率。

(3)试估算盒子里黑、白两种颜色的球各有多少只?

解:(1)根据表格我们发现:在大量重复的试验中,摸到白球的次数的频率稳定在0.6这个常数上,因此,可以估计,当n很大时,摸到白球的频率将会接近0.6。

(2)摸到白球的概率约为0.6;

(3)估计白球的个数是0.6×400＝240(个),黑球是400－240＝160(个)。

例2 为了估计水库中鱼的数量,可以使用以下方法,先从水库中捕出一定数量的鱼,例如2000条,给每条鱼做上记号,不影响其存活,然后放回水库。经过适当的时间,让其和水库中其余的鱼充分混合,再从水库中捕出一定数量的鱼,例如500条,查看其中有记号的鱼,假设有16条。试根据上述数据,估计水库里鱼的条数。

解:设水库中鱼的条数为n,A＝{带有记号的鱼},则有

$P(A)＝2000/n, P(A)\approx 16/500, 2000/n＝16/500, n＝62500$。

所以估计水库中约有62500条鱼。

(四)、古典概型

观察两个试验:

试验1:掷一枚质地均匀的硬币,只考虑朝上的一面,有几种不同的结果?

试验2:抛掷一颗质地均匀的骰子,只考虑朝上的点数,有几种不同的结果?

(1)试验中所有可能出现的基本事件只有有限个。(有限性)

(2)每个基本事件出现的可能性相等。(等可能性)

我们将具有这两个特点的概率模型称为古典概率模型,简称古典概型。

古典概型计算任何事件的概率,其公式为:$P(A)＝\dfrac{m}{n}$。

思考:

问题1:单选题是标准考试中常用的题型。假设某考生不会做。他随机地从A,B,C,D四个选项中选择一个答案。你认为这是古典概型吗? 为什么?

问题2:向一个圆面内随机地投射一个点,如果该点落在圆内任意一点都是等可能的,你认为这是古

典概型吗？为什么？

五、生活中的概率论

1. 彩票是否中奖的概率分析

目前我国定期出售福利彩票,虽然各城市的游戏规则不完全相同,有的是35选7,有的是30选5,有的是36选6等等,但其基本原理是一样的。人们在购买彩票时总是只看到那些中了大奖的故事,而不愿去考虑中大奖其实是个最典型的小概率事件,其概率低到根本不值得去买。数学家认为,概率低于1/1000就可以忽略不计了。如大英帝国彩票中特等奖的概率只有1/1400万,即使是选号范围小一些的彩票,中到特等奖的概率一般也要1/500万,这样小的概率居然还有这么多人趋之若鹜。有笑话说全世界的数学家都不会去买彩票,因为他们知道,在买彩票的路上被汽车撞死的概率远高于中大奖的概率。

一张彩票的中奖机会有多少呢？现以活动彩票的"36选6""49选6"为例来计算一下。彩票的规则是36选6,即在1—36的36个号码中选6个号码。在每一轮,有一个专门的摇奖机随机摇出6个标有数字的小球,如果一张彩票的6个数字与选中的数字相同,就获得了头等奖。可是,当我们计算一下在36个数字中随意组合其中6个数字的方法有多少种时,我们会吓一大跳:从36个数中选6个数的组合有:$N = C_{36}^6 = 1947792$。

再以"49选6"为例,从49个数中选6个数的组合有:$N = C_{49}^6 = 13983816$。

这就是说,假如只买一张彩票(49选6),6个号码全对的机会是大约1/1400万。如此计算:如果每星期买50张彩票,赢得一次大奖的时间约为5000年;即使每星期买1000张彩票,也大致需要270年才有一次6个号码全对的机会。这几乎是不可能的,获奖仅是人们期盼的小概率事件。

2. 抓阄问题的概率分析

参加抽奖时,人人都想得奖。这时候该先抽奖还是后抽才能让中奖几率提高呢？恐怕很多人都会在这个问题上犯糊涂,让我们用科学方法来解决这个问题吧。

假设有2个酸苹果、1个甜苹果,甲、乙、丙3人依次从箱中摸出1个,谁最有机会吃到甜苹果呢？ 首先,甲的机会是3个摸1,所以甲摸到甜苹果的概率是:$P_甲 = 1/3$;乙的机会如何呢？甲没有摸到的概率是2/3,然后在这个概率中计算乙摸到的概率是:$P_乙 = 2/3 \times 1/2$(只剩2个苹果让乙摸),所以乙摸到甜苹果的几率是1/3;丙呢？丙只有在甲、乙都没有摸到的情况下才可能摸到甜苹果,所以扣掉甲、乙摸中的概率,就是丙的机会大小了。其概率是:$P_丙 = 1 - P_甲 - P_乙 = 1 - 1/3 - 1/3 = 1/3$。所以不管先摸也好,后摸也罢,每个人摸到甜苹果的机会其实都是一样的。

3. 交通事故的概率分析

人们在直觉上常犯的概率错误还有对飞机失事的担忧。也许出于对在天上飞的飞机本能的恐惧心理,也许是媒体对飞机失事的过多渲染,人们对飞机的安全性总是多一份担心。但据统计,飞机旅行是目前世界上最安全的交通工具,它绝少发生重大事故,造成多人伤亡的事概率约为1/300万。 假如你每天坐一次飞机,这样飞上8200年,你才有可能会不幸遇到一次飞行事故。1/300万的事故概率,说明飞机这种交通工具是最安全的,它甚至比走路和骑自行车都要安全。事实也证明了在目前的交通工具中飞机失事的概率最低。1998年,全世界的航空公司共飞行1800万次喷气机航班,共运送约13亿人,而失事仅10次。而仅美国一个国家,在1998年的半年内,其公路死亡人数就曾达到21000名,约为自40年前有喷气客机以来全世界所有喷气机事故死亡人数的总和。虽然人们在坐飞机时总有些恐惧感,而坐汽车时却非常安心,但从概率统计的角度来讲,最需要防患于未然的却恰恰是我们信赖的汽车。

◆课外链接

概率中的期望

在概率论和统计学中,数学期望(或均值,亦简称期望)是试验中每次可能结果的概率乘以其结果的总和,是最基本的数学特征之一。它反映随机变量平均取值的大小。 需要注意的是,期望值并不一定等同于常识中的"期望"——"期望值"也许与每一个结果都不相等。期望值是该变量输出值的平均数。期望值并不一定包含于变量的输出值集合里。

大数定律规定:随着重复次数接近无穷大,数值的算术平均值几乎肯定地收敛于期望值。

1. 背景

本章节一开始的故事,其实就是一个期望的问题:甲、乙两个人赌博,他们两人获胜的几率相等,比赛规则是先胜三局者为赢家,赢家可以获得100法郎的奖励。当比赛进行到第四局的时候,甲胜了两局,乙胜了一局,这时由于某些原因中止了比赛。那么如何分配这100法郎才比较公平?

用概率论的知识,不难得知,甲获胜的可能性大,甲赢了第四局,或输掉了第四局却赢了第五局,概率为$1/2+(1/2)\times(1/2)=3/4$。分析乙获胜的可能性,乙赢了第四局和第五局,概率为$(1/2)\times(1/2)=1/4$。因此由此引出了甲的期望所得值为$100\times3/4=75$(法郎),乙的期望所得值为25法郎。而数学期望也就由此而来。我们这里主要介绍的是离散型随机变量的数学期望。

2. 离散型随机变量的数学期望

如果随机变量只取得有限个值或无穷能按一定次序一一列出,其值域为一个或若干个有限或无限区间,这样的随机变量称为离散型随机变量。

离散型随机变量的一切可能的取值x_i与对应的概率$p(x_i)$乘积之和称为该离散型随机变量的数学期望(若该求和绝对收敛),记为$E(x)$。它是简单算术平均的一种推广,类似于加权平均。

公式:

离散型随机变量x的取值为$x_1,x_2,\cdots。x_n,p(x_1),p(x_2),\cdots,p(x_n)$为$x$对应取值的概率,则$E(x)=x_1\times p(x_1)+x_2\times p(x_2)+\cdots,x_n\times p(x_n)$,即

$$E(x) = \sum_{k=1}^{\infty} x_k \times p(x_k)$$

应用:

例1 某城市有10万个家庭,没有孩子的家庭有1000个,有一个孩子的家庭有9万个,有两个孩子的家庭有6000个,有3个孩子的家庭有3000个。赵无名一家住在这个城市中,试估计他家有几个孩子?

解:设此城市中任一个家庭中孩子的数目是一个随机变量,记为x。它可取值$0,1,2,3$。

其中,x取0的概率为0.01,取1的概率为0.9,取2的概率为0.06,取3的概率为0.03。即

x	0	1	2	3
$P(x)$	0.01	0.9	0.06	0.03

则它的数学期望$E(x)=0 \times 0.01 + 1 \times 0.9 + 2 \times 0.06 + 3 \times 0.03 = 1.11$,即预计赵无名家平均有1.11个孩子。

例2 某企业有甲、乙两个研发小组,他们研发新产品成功的概率分别为2/3和3/5,现安排甲组研发新产品A,乙组研发新产品B,设甲、乙两组的研发相互独立。若新产品A研发成功,预计企业可获利润120万元;若新产品B研发成功,预计企业可获利润100万元。求该企业可获利润x的分布列和数学期望。

解:记$E=\{$甲组研发新产品成功$\}$,$F=\{$乙组研发新产品成功$\}$

则 $P_{(x=0)} = P(\bar{E}\bar{F}) = \dfrac{1}{3} \times \dfrac{2}{5} = \dfrac{2}{15}$

$P_{(x=100)} = P(\bar{E}F) = \dfrac{1}{3} \times \dfrac{3}{5} = \dfrac{3}{15}$

$P_{(x=120)} = P(E\bar{F}) = \dfrac{2}{3} \times \dfrac{2}{5} = \dfrac{4}{15}$

$P_{(x=220)} = P(EF) = \dfrac{2}{3} \times \dfrac{3}{5} = \dfrac{6}{15}$

x	0	100	120	220
$P(x)$	$\dfrac{2}{15}$	$\dfrac{3}{15}$	$\dfrac{4}{15}$	$\dfrac{6}{15}$

即

期望$E(x) = 0 \times \dfrac{2}{15} + 100 \times \dfrac{3}{15} + 120 \times \dfrac{4}{15} + 220 \times \dfrac{6}{15} = 140(万元)$

答:该企业预计可以获得利润140万元。

参考文献

[1] 凯莱布·埃费里特.数字起源[M].北京:中信出版集团,2018.

[2] 王路.逻辑基础[M].北京:人民出版社,2004.

[3] 王路.逻辑的观念[M].北京:商务印书馆,2002.

[4] 陈波.悖论研究[M].北京:北京大学出版社,2017.

结　语

　　数学的学习,远不仅仅停留在课堂的理论学习中,毕竟,在实际的生活中,数学有着实实在在的应用:小到市场中一分一厘的计算,大到精密仪器一丝一毫的差别,都将数学的重要性展现得淋漓尽致。也许很多人会觉得,是不是每个从事数学教学的人才会这么说!

　　当然不是! 数学之美,美在对称,美在艺术,更是美在自然界的完美融合。本书介绍的数学,其实也已经完全脱离了中学数学的枯燥理论和证明,更多地是展现生活中我们身边的数学艺术。也许在不经意间,数学就出现在你的身旁。我们认识黄金分割,也已经不单单是一个单纯的数字,而是一个比例,一个融入现实美学的比例和应用,让你在摄影中、舞台上、绘图时,将理论和实际融为一体。

　　本书,其实没有奢望读者可以从中学到在现实考试中可以用到的知识,而仅仅只是希望,看过全书的你可以在平时的生活中,多一点思考,多一些质疑,再多一些探索。

　　这里面就涉及数学中的一个应用分支——最优化,生活中也称为优选,主要指在一定条件限制下,选取某种方案使目标达到最优的一种方法。最优化问题在当今的军事、工程、管理等领域有着极其广泛的应用。本书中,我们从中选择了几个简易的模型,对最优化问题进行了讨论和分析,让读者在遇到实际问题的时候有迹可循。

　　本书的编写,要感谢绍兴市中等专业学校领导的高度重视和数学教研组的鼎力帮助。另外,本书借鉴和参考了《逻辑基础》(王路著)、《逻辑的观念》(王路著)、《四色问题探秘》(张彧典著)、《数字起源》([美]凯莱布·埃弗里特著)、《悖论研究》(陈波著)等,在此一并表示感谢。本书立足于中职教育,希望通过对于数字起源、数学故事、逻辑应用等方面的介绍,培养学生对于数学学习的习惯和爱好,这也是编者一直在倡导的:培养习惯,比获取知识,更加重要!

编者

2019 年 11 月